数据可视化与挖掘技术实践

朱希安　　王占刚　　编著

知识产权出版社

全国百佳图书出版单位

图书在版编目（CIP）数据

数据可视化与挖掘技术实践/朱希安，王占刚编著. —北京：知识产权出版社，2017.7
　　ISBN 978-7-5130-4990-0

　　Ⅰ.①数…　Ⅱ.①朱…②王…　Ⅲ.①可视化软件—研究②数据采集—研究　Ⅳ.①TP31②TP274

中国版本图书馆 CIP 数据核字（2017）第 150927 号

内容提要

本书将可视化与数据挖掘技术应用于煤层气田勘探与生产实践，在介绍数据可视化与数据挖掘关键技术的理论、技术和方法的基础上，以煤层气产业为例，详细阐述了煤层气数据可视化与挖掘系统的总体架构和功能结构设计；描述了系统数据库设计过程；重点介绍了系统主要模块设计与核心算法实现；最后阐述了煤层气数据可视化与挖掘系统三大子系统研发成果。

本书适合从事煤层气勘探、地质、矿山开采、测绘、城市地下规划等领域的研究开发人员及相关专业的教师、学生参考使用。

责任编辑：栾晓航	责任校对：谷　洋
封面设计：刘　伟	责任出版：刘译文

数据可视化与挖掘技术实践

朱希安　王占刚　编著

出版发行：知识产权出版社 有限责任公司	网　　址：http://www.ipph.cn
社　　址：北京市海淀区气象路 50 号院	邮　　编：100081
责编电话：010-82000860 转 8382	责编邮箱：luanxiaohang@cnipr.com
发行电话：010-82000860 转 8101/8102	发行传真：010-82000893/82005070/82000270
印　　刷：北京中献拓方科技发展有限公司	经　　销：各大网上书店、新华书店及相关专业书店
开　　本：720mm×1000mm　1/16	印　　张：14.75
版　　次：2017 年 7 月第 1 版	印　　次：2017 年 7 月第 1 次印刷
字　　数：170 千字	定　　价：50.00 元

ISBN 978-7-5130-4990-0

简　介

本书依据"关键技术—系统总体架构设计—数据库构建—系统详细设计—应用成果"的思路进行组织，将数据整合与管理、图形可视化、数据挖掘与优化有机融合为一体，在介绍数据可视化与数据挖掘关键理论、技术和方法的基础上，以煤层气产业为例，将可视化与数据挖掘技术应用于煤层气田勘探与生产实践。书中详细阐述了煤层气数据可视化与挖掘系统的总体架构和功能结构设计，系统数据库设计。重点研究了系统主要模块与核心算法实现，最后给出了煤层气数据可视化与挖掘系统三大子系统的研发成果。

本书适合从事可视化与数据挖掘技术研究的科研人员、教师、学生参考使用。亦可为从事煤层气勘探、矿山开采、测绘、城市规划等领域的研究开发人员及相关专业的教师、学生提供参考和帮助。

本书出版得到了国家科技重大专项——煤层气田地面集输信息集成及深度开发技术（项目编号：2011ZX05039-004-02）科研项目的资助，在此表示衷心的感谢。

前　言

　　面对"数据丰富而知识贫乏"的窘境，如何从大量数据中提取信息，并将其转化成有用的知识，已成为当前研究与应用的热点。可视化与数据挖掘技术正是在这样一种需求背景下得到广泛应用并迅速发展起来。

　　针对复杂数据集进行探索和表达的过程中，可视化技术是比较有效的途径之一。在计算机图形学、图像处理、计算机视觉及人机交互技术支撑下，数据可视化利用几何图形、色彩、纹理、透明度、对比度及动画技术等手段，以图形图像的形式直观、形象地表达抽象数据，并进行交互处理。数据可视化技术通过将数据变换为可识别的图形符号、图像、视频或动画，并以此呈现对用户有价值的信息。用户通过对可视化的感知，使用可视化交互工具进行数据分析，获取知识，并进一步提升为知识。

　　为了发现数据背后的潜在信息与知识，跨越数据和信息之间的鸿沟，数据挖掘（Date Mining）技术应运而生。数据挖掘是在海量数据的基础上，发现潜在的可以为人所用的甚至可能是违背常理逻辑的知识和信息。数据挖掘可以从实际数据中提取隐含在其中的、人们事先不知道的、但潜在有用的信息和知识。数据挖掘技术的应用十分广泛，可以用来进行商业智能应用和决策分析等。

本书将可视化与数据挖掘技术应用于煤层气田勘探与生产实践，详细介绍了数据可视化和数据挖掘技术研究现状，并以煤层气产业为例，描述了煤层气田数据可视化与挖掘系统的应用与需求分析，详细阐述了系统总体架构方案、功能模块设计、主要流程算法，以及系统开发成果等内容。

本书共分为8章，由朱希安、王占刚撰写。在本书资料整理及校稿过程中，张朋、杨昊、邱中原、万韶、于芳源等同学参加了整理工作。

第1章作为入门概述，从整体上介绍了数据可视化与数据挖掘技术的概念、发展历史、技术特点等，并叙述两种技术在煤层气行业中的应用。

第2章介绍可视化技术的理论基础与技术方法，详细阐述了数据可视化概况、特点、作用、流程及相关概念，最后着重介绍了几种典型可视化方法。

第3章介绍数据挖掘技术的理论基础与技术方法，详细阐述了数据挖掘的基本概念、特点、应用及流程，着重介绍了目前几种典型的数据挖掘方法。

第4章介绍了系统设计、开发与运行的平台，详细阐述了Visual. NET Framework 平台特性、优势与构造模块，介绍了 C#开发语言、Visual Studio. NET 开发工具和数据库管理系统 SQL Server 2008，最后介绍了系统设计工具 Office Visio 和界面设计工具 DevExpress。

第5章详细介绍了煤层气可视化与数据挖掘系统的总体设计

情况，主要包括系统建设意义、建设目标和功能需求、总体架构设计、功能结构设计、系统主要工作流程设计和软件功能菜单和界面风格设计等。

第 6 章描述了系统数据库的具体设计过程，主要包括数据库设计需求分析、数据库概念结构设计、逻辑结构设计、物理结构设计和数据库软硬件环境设计等内容。

第 7 章选取系统中具有代表性的数据整合与管理模块、图形可视化模块、生产查询模块和生产预测模块作为典型案例，基于模块化设计思想详细描述了各个功能模块设计过程及核心算法实现。

第 8 章详细阐述了煤层气数据可视化与挖掘系统三大子系统研发成果。

本书依托国家科技重大专项——煤层气田地面集输信息集成及深度开发技术（项目编号：2011ZX05039-004-02），对煤层气数据可视化与挖掘系统进行了详细阐述，并得到了该科研项目的资助，在此表示衷心的感谢。

由于数据可视化和数据挖掘技术发展迅速，且作者水平有限，成书时间仓促，书中难免出现错误和不足之处，敬请广大读者批评指正。

作　者
2017 年 3 月 28 日

目 录

CONTENTS

第 1 章

绪　　论

1.1　引　言

随着信息技术尤其是网络技术的飞速发展，人们利用信息技术生产和收集数据的能力大幅提高，计算机处理和存储的数据量急剧增长，数据库应用的规模、范围和深度也随之不断扩大；另一方面，随着社会经济的不断发展，商业竞争日趋白热化，人们迫切需要掌握隐藏在大量数据背后的具有决策意义的知识。面对"数据丰富而知识贫乏"的窘境，如何从大量数据中提取信息，并将其转化成有用的知识，已成为当前研究与应用的热点。数据挖掘与可视化技术正是在这样一种需求背景下得到广泛应用并迅速发展起来的。

数据挖掘技术是一个多学科交叉研究领域，兴起于 20 世纪 80 年代末，目前已经取得了重大研究进展。数据挖掘融合了当今信息处理技术中的很多研究热点，主要包括人工智能、机器学习、知识工程、面向对象方法、信息检索、高性能计算以及数据可视化等（朱明等，2012）。从本质上讲，数据挖掘过程是在海量数据中利用各种分析工具来发现所建立或假设的模型和现有数据间关系的过程。这些关系和模型的主要功能是对目标或事件进行分析和预测，从而为用户提供决策支持。

数据可视化技术利用视觉化可视化的方式将纷繁复杂的数据集艺术地展示出来，使人们能够以更直观的方式看到数据及其结构的关系，不再局限于以往通过关系数据表来分析数据的形式（张浩等，2012）。数据可视化通常针对大型数据库或数据仓库中的数据，是可视化技术在非空间数据领域的应用。

借助于计算机强大的处理能力、计算机图形图像算法以及可视化算法等，数据可视化将海量数据转换为静态或者动态图形、图像直观地呈现在人们面前，同时可以通过交互手段控制数据的抽取和画面的显示过程，从而使得隐含于数据之中的不可见的现象变为可见。数据可视化技术为人们分析理解数据、形成概念、发现规律等行为提供了强有力的手段（陈为等，2013）。

数据挖掘与数据可视化是紧密联系的。数据挖掘的目的是找出"数据矿山"中真正需要的具有决策意义的信息，而数据可视化技术能够实现对数据信息的分析和提取，以图形、图像、虚拟现实等容易被人们所辨识的方式或手段来展现原始数据间的复杂关系、潜在信息以及发展趋势等，从而极大地丰富了科学发现的过程（施惠娟，2010）。可视化技术能够准确地表达以及直观地展示数据挖掘的过程和结果，通过使用户深入地理解问题，选择更适当的数据挖掘算法，从而达到深入剖析数据的目的。

数据可视化与信息图形、信息可视化、科学可视化以及统计图形学等学科的发展密切相关。在研究、教学和工程等领域，数据可视化仍是一个极为活跃而又关键的方向。"数据可视化"这条术语使得成熟的科学可视化领域与较年轻的信息可视化领域得以实现统一。可视化发展与推广的主要原因是颜色和几何表示很容易被人类的大脑所识别和理解,数据可视化技术能够将提供的数据挖掘结果通过操作界面更为自然和直观地展示给用户。目前,数据挖掘用户经常使用传统的数据可视化工具绘制二维图和三维图,这也是两种技术结合的一个典型事例。理论和实践表明,这种方式在向用户展示数据时变得尤为适用。

1.2 数据挖掘与数据可视化技术背景

统计表明，20 世纪 90 年代以来人类累计的数据量以每月高于 15% 的速度增加。在信息科学领域，数据库与信息处理相关技术得到了快速发展，然而信息的分析处理能力仍远远落后于信息飞速膨胀的速度，从而导致了面对海量数据而无法有效利用的现象，并且这一现象正随着数据量的暴增而逐渐恶化。导致这一现象的原因，不仅是信息量的巨大、高维、多源、异构等因素，更重要的是如何动态地获取数据、数据中噪声相互矛盾的因素以及数据关系异构与易质等深层次的问题存在。在此背景下，数据挖掘和数据可视化技术应运而生，并逐渐显示出强大的生命力，这些技术的蓬勃发展预示着信息处理进入了一个新的更高级的发展阶段。

数据挖掘对数据的处理并非简单的类似于数据库中检索匹配的操作，而是一种面向不同领域的复杂的应用技术。数据挖掘不仅可以对数据进行宏观的统计分析、推理等，还可以进行微观以及中观级的分析处理操作，从而发现隐藏其中的潜在信息和知识（邵峰晶等，2003）。数据挖掘的目的是在海量数据的基础上，发现潜在的可以为人所用的甚至可能是违背常理逻辑的知识和信息，例如，经典的超市中"啤酒和尿布"挖掘案例，极大地促进了超市的销售利润。

在针对大型数据集进行探索和理解的过程中，数据可视化技术是最有效的途径之一。把数字置于视觉空间中，人们的大脑会更容易发现其中潜藏的模式，这是因为人类对较为直观的图形的理解和接受能力远远超过对文字等其他手段的理解和接受能力，往往能很快从中发现一些利用常规统计方法较难挖掘到或者容易被忽略的信息。

虽然数据挖掘和数据可视化技术都是以从数据中获取知识为目的，但是两者的手段侧重不同。这两种技术已成为科学探索、工程实践与社会生活中不可缺少的数据处理和分析手段。数据挖掘通过计算机获取隐藏在数据背后的知识，并将得到的知识或规律直接给予用户；而数据可视化将数据或规律用直观的易于感知的图形符号呈现给用户，并且通过可视化的交互界面让用户交互地理解数据背后的本质。

1.3 数据挖掘在煤层气行业中的应用

1.3.1 数据挖掘技术

英国 David Hand 等学者在《数据挖掘原理》中给出了定义：数据挖掘是指从大量观察数据中分析探索到某些未知关系，并且用一种新的方式归纳数据，使得这些数据对于数据拥有者更加容易理解和有价值。

从技术角度看，数据挖掘是从大量的、不完全的、有噪声的、模糊的、随机的实际应用数据中，提取隐含在其中的、人们事先不知道的、但又是潜在有用的信息和知识的过程（毛国君等，2007）。数据挖掘不是简单的替代传统的统计分析技术，而是统计分析方法学的延伸和扩展。它继承了统计分析完善的数学理论和高超的技巧，预测的准确度高。

数据挖掘可以发现多种类型的知识，包括反映同类事物共同性质的广义型知识；反映事物各方面特征的特征型知识；反映不同事物之间差别的差异型知识；反映事物和其他事物之间依赖或者关联的关联型知识；根据当前历史和当前数据推测未来数据的预测型知识；解释事物偏离常规出现异常现象的偏离型知识等。由于数据挖掘技术是面向应用的技术，所以发现的知识也是面向特定领域的，并且要求这些知识尽可能地易于被客户所理解和接受，可视化技术的结合运用使得这一目标成为现实。

数据挖掘是理论算法和应用实践的完美结合。数据挖掘源于实际生产与生活中应用的需求，挖掘的数据来自于具体应用，同时利用数据挖掘发现的知识又要运用到实践中去，辅助生产决策。数据挖掘以数据为导向，其理论算法的设计和开发都应该考虑实际问题的需求，然后进一步进行抽象和泛化。利用数据挖掘能够自动发现以前未知的模式，以及能够根据过去数据之间潜在的联系，从而自动预测未来的发展趋势。

目前，数据挖掘已经应用于众多的行业领域中，一些大型企业普遍采用数据挖掘技术进行决策支持和辅助。银行部门将其应用于一些贷款项目的风险评估；工业部门将它用于技术诊断；商业部门将其用于确定销售商品的取舍以及客户关系管理；保险公司、证券公司、电信公司等将其用于检测欺诈行为统计；医疗上可以用来检测医疗实验以及治疗效果等。

1.3.2 数据挖掘在煤层气行业中的应用

在煤层气勘探开发研究中，研究对象是地下的地质构造、岩性、物性、电性等实体特征。众多的勘探井和开发井为勘探研究提供了大量的各种类型的数据，蕴含着丰富的地质信息，这些信息也是日后进行煤层气开发的主要依据和重要资料（乔磊，

2015）。虽然数据库系统可以实现高效地数据录入、查询、统计等相对简单的功能，但是对于数据中存在的关系和规则，以及该方向或者领域未来的发展趋势等却无能为力。因此在煤层气的勘探开发过程中，数据挖掘技术的应用就显得尤为重要。通过数据挖掘往往能够解决很多复杂的"瓶颈"问题，从而对于生产过程有很大的裨益，极大地提高生产效率，节省生产成本。

目前最常见的数据挖掘技术主要划分为两种类型：描述型和预测型。其中前者描述型数据挖掘主要包括数据总结、基于几何距离原理的聚类分析、用于发现大量数据中有趣关联或相关关系的关联分析等，目的是以简洁概述的方式对数据中一些有意义的性质进行表述；而后者预测型数据挖掘包括分类、回归、及时间序列分析等用于分析随时间变化的事件，用来预测未来的发展趋势、模型或者隐藏的周期性发展规律等。在煤层气勘探开发过程中，相关分析、回归分析、趋势分析、判别分析、聚类分析、因子分析等数据挖掘算法和技术的引入和广泛使用极大地加快了煤层气勘探工作的进度和效率。

煤层气信息多样性主要体现在数据类型繁多、格式不一。在煤层气勘探过程中通过钻井来了解地质岩层，该过程会产生大量与井相关的各种数据；在地质区域探测中，最常见的是利用人工爆破产生的地震波来进行地下勘探，该过程会产生与地震有关的数据，直接关系着重构大范围内的地质构造。在煤层气资源评估阶段，需要参考附近区域的地理信息，包括各种地理信息数据、空间导航数据、实物资源数据类型以及相应的实物资源分类和索引信息。在数据存储格式方面更是多样，在实物数据中可能出现

10

文件、条码、磁带等早期的数据格式，甚至会出现一些用户自定义的数据文件或非标准图形文件形式（秦世勇，2008）。

在煤层气的勘探开采过程中由于数据格式的多样性和数据信息的复杂性，原始的分析手段是行不通的，从而急需一种可以有效对复杂数据进行分析、处理、充分利用的技术，而数据挖掘技术具有解决该问题的潜能。通过煤层气田（井）深层次预测分析和成果共享，完成气田（井）的一系列动态分析，有效地提高煤层气田生产分析的效率，获得煤层气田生产规律（杜新锋，2011）。通过煤层气井的高级递减分析，确定单井控制储量，可以反求地层参数、预测未来生产的变化趋势。

在煤层气开采的过程中，生产勘探计划的准确度和可靠性直接影响到开采设计、施工是否合理，关系到开采作业是否衔接，开采煤层气质量以及稳定性，这些问题直接影响到生产的经济效益和资源的回收效益等。利用数据挖掘技术，为煤层气开采与生产提供辅助支持，可以帮助我们在"信息矿藏"中找到蕴藏的"知识金块"。

1.4 数据可视化在煤层气行业中的应用

1.4.1 数据可视化技术

研究表明，人类获取的外在世界信息中的 80% 以上均是通过视觉通道完成。在人体感官器官中，视觉是人类迄今为止拥有的最高信息处理能力的器官。可视化技术是一种将符号或数据转换为直观的几何图形，以便于研究人员观察、模拟和计算的方法。

数据可视化通过运用计算机图形学和图像处理等技术，将数据通过图形或图像等手段在屏幕上显示出来，然后进行交互分析处理，它不仅包含最终的图像实现，而且还包括计算过程中的数据分析计算与处理过程。数据可视化技术涉及计算机图形学、图像处理、计算机辅助设计、计算机视觉及人机交互技术等众多研究领域，它不仅包括科学计算数据的可视化，而且包括工程数据和测量数据的可视化。

可视化技术通过将数据变换为可识别的图形符号、图像、视频或动画，并以此呈现对用户有价值的信息。用户通过对可视化的感知，使用可视化交互工具进行数据分析，获取知识，并进一步提升为知识。

常用的可视化技术除了柱形图、条形图、折线图、散点图、面积图、圆环图、曲面图及股价图外，国际上也出现了许多新兴的数据可视化技术，包括基于几何投影的技术、面向像素技术、基于图标的技术、基于层次和图形的可视化技术等。近些年许多新兴的数据可视化方法也逐步出现投入使用，例如三维可视化、多维可视化等新方法和技术正在被广泛研究和开发。

1.4.2 数据可视化在煤层气行业中的应用

数据可视化应用十分广泛，几乎可以应用于自然科学、工程技术、金融、通信和商业等各种领域。数据可视化技术在医学成像中的应用已经得到了普及。该技术的引入，为医生对病人的检测提供了重要的参考信息，使得医生对病情的判断得到支撑和检测，对病情的诊治和后期治疗具有极为重要的作用。在气象领域由于云层的位置以及运动、气压等温面等数据的随机性，想要实现对于局部地区的准确预测是极为困难的。引入数据可视化技术，可以提高数据的处理精度，扩大参考数据范围，从而极大地提高预测的精度，同时更加直观地显示出预测效果。

对于数据可视化技术来说，通过运用丰富、准确的地质统计学方法绘图，辅以人工干预，能很好地满足工作人员对煤层气田地质研究的需求，直观反映储层特征以及沉积环境，为生产、挖潜开发提供指导依据。可视化技术在煤层气行业的应用，可以将数据挖掘所产生的数据快速直观地展示出来并被人们理解，使得煤气田海量生产数据快速地统计和对比成为现实。数据可视化技术对于煤层气行业是极为重要不可或缺的技术。

近些年将空间地理信息进行三维可视化也是煤层气信息可视化热门方向之一。空间信息的可视化旨在通过精确的地理环境数据，将地表和地下的地理特征用可视化的状态进行更为直观的模拟展示。目前可视化在煤层气行业中应用最多的是管网建模、管网分析方面，具体是利用已有的井位探测图、单井、站点、管线和设备等数据，将煤层气田现场的集输管网进行数字化建模，生成一个接近实际情况的逼真的管网模型或者通过虚拟现实技术等在三维空间虚拟展示出来（王国婕，2014）。通过不断的数据加载、界面设计、图件管理以及数据表的输入等多种手段，从而使得模型或虚拟环境与地下施工现场基本保持一致。

1.5 数煤层气数据可视化与挖掘需求

在地质和勘探领域中应用数据挖掘技术很早就已经开始,并得到了成功的应用。在 20 世纪初,德士古公司通过对地震数据利用"地质勘探"数据开采系统评估,成功地发现了使用传统静止图像方法所忽略的油田,该发现为德士古公司带来了丰厚的利润,该方法很快得到了推广(陈希廉等,2010)。

地球勘探技术的不断发展为研究者带来了大量数据,如何充分分析这些海量数据,并从各种不确定的信息中挖掘出隐藏的深层次的资源信息,是目前面临的亟待解决的问题。数据挖掘技术弥补了传统技术的缺陷,具有对不确定性数据处理以及深层次分析推理的能力,因此具有对大量数据进行信息挖掘的优势。

结合数据可视化技术可以极大地增加数据挖掘技术的操作性和可理解性。利用空间数据挖掘技术可以从大量的地质勘探数据或测井数据中,构造出感兴趣的等值面、等值线,并显示其范围及走向,用不同颜色显示出多种参数及其相互关系,重构大范围内的地质构造。通过测井数据了解局部区域的地层结构,将附近区域的煤层气田储量等数据作为参考完成空间关系提取以及属性化。利用提取的空间关系和属性信息，结合成矿关联规则，进一步探明煤层气藏是否存在、矿藏位置及储量大小分布等重要信息，估计蕴藏量及其勘探价值、矿产质量潜力等参数。通过数据挖掘与可视化能够指导打井作业、减少无效井位、节约资金，而且必将大大提高寻找煤层气的效率，从而具有重大的经济效益及社会效益。

将数据挖掘与可视化方法应用于煤层气田勘探与生产实际，可以实现煤层气田海量生产数据的快速统计和对比，直观展示煤层气田（井）深层次预测分析成果，有效地提高煤层气田生产分析的效率，获得煤层气田生产规律。数据挖掘与可视化技术的应用极大地提高了开采规律发现的数量和效率，例如计算气藏地质储量、可采储量及采收率、合理井距、气藏压力，研究产气量、水侵量变化规律等。另外，还可以进行气井的高级递减分析，确定单井控制储量，反求地层参数、预测未来生产的变化趋势等。因此，数据挖掘与可视化技术必将极大促进煤层气勘探与生产，为日常生产实践提供技术支持。

1.6　本章小结

　　本章从整体上介绍了数据可视化与数据挖掘技术的概念、发展历史、技术特点等，并描述了两种技术在煤层气行业中的应用。首先简述了数据挖掘和数据可视化技术的发展、应用等相关特征；介绍了数据挖掘和数据可视化技术的技术背景、相关理论基础和应用领域等；最后从煤层气行业数据和处理的角度分析，描述了数据挖掘和数据可视化技术对该行业的必要性和技术应用的迫切需求。

第 2 章

数据可视化技术

2.1　数据可视化技术概述

2.1.1　数据可视化基本概念

目前在信息科学领域中面临着数据爆炸式增长的巨大挑战，需要处理的数据量呈指数级增长，这些数据具有很高的复杂度，且呈现高维、动态、多源、异构等特点，复杂无序的大量数据给人们对信息的获取、理解、传递和记忆等带来了困难。相比之下，一张简单的数据可视化图表就能做到逻辑清晰、表达简单，在高效传递大量信息的同时，将人们的注意力引导到重要的目标，缩短理解时间和记忆量，这就是可视化能够带来的表达效果。利用可视化的方式来呈现信息可以追溯到几千年前，如古人洞穴里的绘画，以及后来的地图、科学图表和数据图等。早期的可视化探索与应用在一定程度上以直线向前的方式对计算机形象化产生了重要影响。

可视化概念首先来自科学计算可视化，研究者不仅需要通过图形图像来分析由计算机算出的数据，而且需要了解在计算过程中数据的变化。随着可视化概念的不断扩展，除了科学计算可视化，它还包括工程数据和测量数据的可视化。在信息日益丰富的时代，可视化技术的研究和应用已经从根本上改变了我们表示和理解大型复杂数据的方式。可视化的影响广泛而深入，正在引导着我们获得新的机会和有效的决策。

数据可视化（Data Visualization）指的是运用计算机图形学和图像处理技术，将数据转换为图形或图像在屏幕上显示出来，并进行交互处理的理论、方法和技术（陈为，2013）。在计算机图形学、图像处理、计算机视觉及人机交互技术支撑下，数据可视化利用几何图形、色彩、纹理、透明度、对比度及动画技术等手段，以图形图像的形式直观、形象地表达抽象数据，并进行交互处理。数据可视化技术涉及计算机图形学、图像处理、计算机辅助设计、计算机视觉及人机交互技术等众多研究领域。数据可视化借助于图形化手段清晰有效地传达与沟通信息，这对初步的数据分类、理解是有意义的，但这并不就意味着可视化就一定为了实现其功能而令人感到枯燥乏味，或者是为了看上去绚丽多彩而显得极端复杂。为了有效地传达思想概念，形式与功能需要齐头并进，通过直观地传达关键特征与信息，从而达到深入洞察复杂数据集的目的。

2.1.2 数据可视化的特点与作用

数据可视化能够将数据信息和知识转换为可以看见的图形符号，充分利用人们对视觉信息快速识别的自然能力，使得我们能够观察、操纵、研究、浏览、探索、过滤、发现、理解大规模数据，并与之方便交互，从中获取知识，可视化将不可见或不易直接显示的大量、复杂和多维的数据转化为可以感知的图形、符号、颜色、纹理等，增强数据的识别效率，传递有效信息。数据可视化技术具有如下特点（陈为等，2013）。

（1）交互性。用户可以方便地以交互的方式管理和开发数据。

（2）多维性。可以看到表示对象或事件的数据的多个属性或变量，而数据可以按其每一维的值，将其分类、排序、组合和显示。

（3）可视性。数据可以用图像、曲线、二维图形、三维立体和动画来显示，并可对其模式和相互关系进行可视化分析。

数据可视化的效果应该能够正确反映数据的本质，有利于人们挖掘、传播与认识数据背后所蕴含的规律，达成可视化结果形式与内容的和谐统一。从应用的角度来看，可视化能够有效呈现重要特征，揭示客观规律，辅助理解事物概念和过程，对模拟和测量进行质量监控，提高科研开发效率，促进沟通交流和合作。从人类发展的角度来看，可视化作为信息记录、传播、表达的有效手段早已发挥了重要作用。图 2-1（a）展示了可视化的鼻祖之一伽利略手绘的月亮周期可视图。图 2-1（b）展示了流体动力学模拟计算的三维空间数据场的可视化揭示出原本不可见的飞行器尾部的气流旋涡。通过可视化的形式将信息制成图像或者用草图记载，不仅可以直观的获取信息及知识，还可以极大的激发人类的潜力和洞察力，有助于科学的进步。

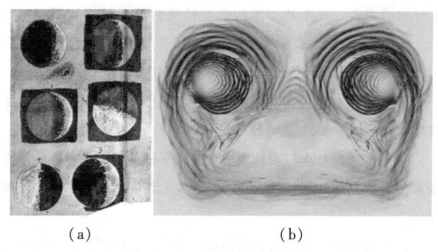

（a）　　　　　　　　　　　（b）

图 2-1　草图记载

（图片来源：http：//www.datavis.ca/gallery/historical.php）

　　图 2-2 是由一名流行病学家 John Snow 创作的伦敦鬼图，为了研究霍乱的传播，他于 1854 年创作的伦敦某个区域霍乱发生与水井的关系图。图中标出了水井，并且用横线标出了霍乱发生的人数。通过可视化方式直观、有力地证实了霍乱的传播与水井的关系，封住特定的水井，霍乱的传播明显减弱。可视化能够引导观察者从可视化结果来分析和推理出有效信息，从而提升信息的认知效率。这种直观的信息感知机制突破了常规分析方法的局限性，极大地降低了数据理解的复杂度，而且在对上下文的理解和逻辑推理方面也有独到的作用。

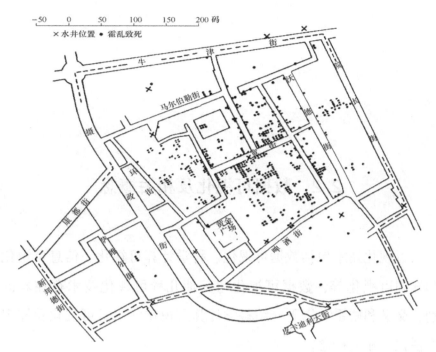

图 2-2　伦敦鬼图

（图片来源：http：//www. datavis. ca/gallery/historical. php）

2.2　数据可视化及相关概念

可视化技术包括数据可视化、科学计算可视化、信息可视化和知识可视化等，数据可视化与其他几种可视化技术存在着区别、交叉和联系。以下介绍科学计算可视化、信息可视化及知识可视化的相关概念。

2.2.1　科学计算可视化

科学计算可视化的基本含义是运用计算机图形学或者一般图形学的原理和方法，将科学与工程计算等产生的大规模数据转换为图形、图像，以直观的形式表示出来（石教英，1996）。科学计算可视化将计算中的过程和结果用图形、图像直观、形象、整体地表达出来，从而使许多抽象的、难于理解的原理、规律和过程变得更容易理解，枯燥而冗繁的数据或过程变得生动有趣，更人性化。它涉及计算机图形学、图像学、计算机视觉、计算机辅助设计以及人机交互技术等多个研究领域，已成为当前计算机图形学研究的重要方向。

科学计算可视化的主要功能是从复杂的多维数据中产生图形，也可以分析和理解存入计算机的图像数据，实现科学计算可视化将提高科学计算的速度和质量，实现科学计算工具和环境的不断改善，通过交互手段改变计算环境和所依据的条件，实现对计算过程的引导和控制。由于早期计算机软硬件技术水平的限制，科学计算只能以批处理方式进行，而不能进行交互处理，对于大量的输出数据，处理效率低下，会损失大量信息。随着计算机应用的普及和科学技术的迅速发展，科学计算处理数据的速度得到很大提升，使目前每日每时都在产生的庞大数据得到有效的利用，可提供在计算机辅助下的可视化技术手段，从而为在网络分布环境下的计算机辅助协同设计打下了基础。

科学计算可视化的常用方法主要包括二维标量数据场可视化、三维标量数据场及矢量场可视化方法。二维标量数据场是在某一平面上的一些离散数据，可看成定义在某一平面上的一维标量函数 $F=F(x, y)$。二维标量数据场可视化的方法主要有颜色映射法、等值线、立体图法和层次分割法等。三维标量数据场是对三维空间中的采样，表示了一个三维空间内部的详细信息。医学 CT 采样数据是一个典型三维标量数据场，每个 CT 照片实际上是一个二维数据场，加上照片灰度值属性就组成了一个三维数据场。三维标量数据场可视化的方法主要有面绘制法、体绘制法等。与标量场类似，矢量场也分二维、三维等，但是矢量场中每个采样点的数据不是标量，而是速度这样的向量。矢量数据场方法主要采用直线法与流线法等。

从科学计算可视化技术出现起，便在各行各业受到广泛关注，可视化的应用范围已从最初的科研领域走到了实际生产领域，至今为止它几乎涉及了所有能应用计算机的部门。目前，科学计算可视化技术已经在航天航空、工业制造、地质勘查、石油勘探、人类考古、医学、生物分子学等领域得到了广泛应用，并不断促进发展。

2.2.2　信息可视化

自十八世纪后期数据图形学诞生以来，抽象信息的视觉表达手段一直被人们用来揭示数据及其他隐匿模式的秘密，此后信息可视化作为一个学科逐渐成长起来。信息可视化是结合了科学可视化、人机交互、数据挖掘、图像技术、图形学、认知科学等诸多学科的理论和方法逐步发展起来的可视化领域（冯艺东，2006）。

信息可视化是研究大规模非数值型信息资源的视觉呈现理论、技术和方法。信息可视化借助计算机强大的加工处理能力将信息转化为一种视觉化形式，然后利用人类对视觉对象的快速辨别能力，使人们在这种新型高效的视觉化界面的帮助下，快速识别出信息背后事物之间的关系及其发展趋势，从而加强人类的认知活动。信息可视化还致力于创建以直观方式传达抽象信息的手段和方法，可视化的表达形式与交互技术则是利用人类视觉通往心灵深处的高效性优势，使用户能够观察、探索以至于快速理解大量的信息。在信息可视化中，人们更加关心的是认知能力提高的方式，而不是图形的质量。信息可视化实际上是人和信息之间的一种可视化界面，因此交互技术在信息可视化中就显得尤为重要，传统的人机交互技术几乎都可以得到应用。

信息可视化处理的对象是诸如文本、图表、层次结构、地图、软件、复杂系统等抽象的、非结构化的数据集合。与科学计算可视化相比，信息可视化更关注于抽象、高维的数据，例如非结构化文本、高维空间当中的点等。传统的信息可视化起源于统计图形学，与信息图形、视觉设计等现代技术相关，其表现形式通常在二维空间，其关键问题是在有限的展示空间中以直观的方式传达抽象信息。进入大数据时代，信息可视化面临着诸多挑战，例如在动态变化的海量信息空间中辅助人类理解与挖掘信息，从中检测预期的特征，并发现未预期的知识。

2.2.3　知识可视化

知识可视化领域研究的是视觉表征在提高两人或多人之间的知识传播和创新中的作用。知识可视化是在科学计算可视化、数据可视化、信息可视化的基础上发展起来的新兴研究领域，应用视觉表征手段，促进群体知识的传播和创新（Eppler，2004）。知识可视化指的是所有可以用来构建和传达复杂知识的图解手段，除了传达事实信息之外，知识可视化的目标在于传输见解、态度、价值观、观点、意见和预测等，并以这种方式帮助他人正确地重构、记忆和应用这些知识。知识可视化可以显著提高知识的传播能力。作为一个新兴研究领域，知识可视化本质是将人们的个体知识以视觉表征的手段表示出来，形成能够直接作用于人的感官的知识外在表现形式。因此知识可视化的价值实现有赖于它的视觉表征形式。

　　知识可视化与信息可视化有着本质的差别，Eppler（2004）认为信息可视化的目标在于从大量的抽象数据中发现一些新的见解或新的认知，或者简单地使数据更容易被访问；而知识可视化则是通过提供更丰富的表达他们所知道内容的方式，以提高人们之间的知识传播和创新。随着人们对知识可视化要求的不断提高，知识可视化具有以下发展趋势。首先是二维到多维的转变。当前的知识可视化技术大多是依靠计算机的二维世界实现的，在未来会与多维空间相结合进行知识可视化表达。其次是静态向动态的转变。知识可视化不仅需要静态的知识传输，还需要建立一种交互、协作的过程，以达到在动态中进行知识可视化的过程。

2.3　数据可视化流程

可视化是一个过程，它以数据流向为主线，其主要流程包括数据采集、数据变换和处理、可视化映射和用户感知。如图 2-3 所示，整个可视化过程可以看成数据流经过一系列处理模块并得到转换的过程，用户通过可视化交互和其他模块互动，利用已有知识与反馈提升可视化的效果。

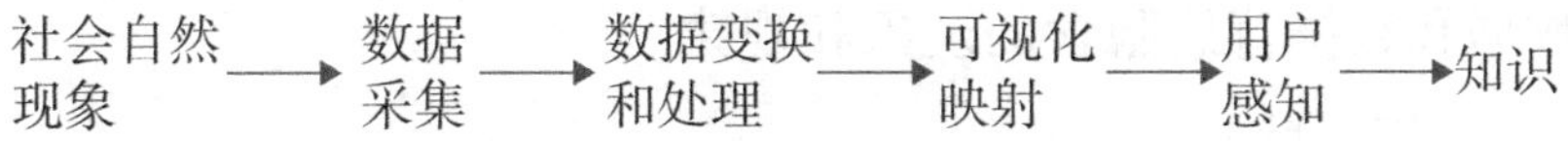

社会自然现象 ⟶ 数据采集 ⟶ 数据变换和处理 ⟶ 可视化映射 ⟶ 用户感知 ⟶ 知识

图 2-3　可视化流程概念图

1）数据采集

数据是可视化的对象和基础，通常人们采用仪器采样、调查记录、模拟计算等方式采集数据。数据采集直接决定了数据的格式、属性、维度、分辨率和精确度等重要特征，并在很大程度上决定了可视化结果的质量。在数据可视化的过程中，充分了解数据的来源、属性和采集方法，才能获得更好的可视化效果。

2）数据变换和处理

为消除噪声、误差，以及更好地表达原始数据中的数据模式和特征，需要进行数据处理和变换，它是可视化前期处理阶段重要的步骤。在可视化流程中，原始数据经过去噪、数据清洗、提取特征等操作后，可以得到清洁、简化、结构清晰的数据，并输出到可视化映射模块中。在设计可视化方案时，需要考虑数据的性质、用户需求，有针对性地使用数据处理和变换，在屏蔽噪声等干扰信息的同时，强化有意义的信息。

3）可视化映射

可视化映射是整个可视化流程的核心，它将数据的数值、空间坐标、数据之间的联系等映射为可视化视觉通道的不同元素，例如标记、大小、形态、位置和色彩等。可视化映射的设计不是一个孤立的过程，而是和数据、感知、人机交互等方面相互依托，共同实现的。可视化映射的最终目的是让用户通过可视化洞察数据和数据背后隐含的现象和规律。

4）用户感知

可视化映射后的结果只有通过用户感知才能转换成信息、知识和灵感，这也是可视化和其他数据分析方法最大的不同之处。人机交互在可视化辅助分析决策中发挥了重要作用。人们在用户感知的基础上，通过人机交互将新的想法、假设重新作用于可视化系统，使得整个可视化过程可以循环往复，通过不断交互反馈提升可视化效果。

2.4　典型数据可视化方法

2.4.1　颜色可视化

颜色在人类感知、信息表达等方面具有无与伦比的优势。与其他表现方法相比，颜色具有直观形象、信息量大等特点，尤其在表现数据的某些特征时优势明显。Tominski 等人（Tominski，2012）讨论了颜色的选择对可视化目标的影响，他们认为选择合适的颜色与标量数据之间的对应可以有效地增强数据之间的比较、辨认和相互定位的能力，并强化数据整体表达能力，从而更容易发现数据之间内在的联系。

通过颜色的色调、饱和度、明度来表达可视化目标的标志、属性、大小和强弱等特征，是颜色可视化设计的常用方法，用户通过直观观察即可快速了解目标指标的数据值状态。如图 2-4 所示，在美国各州分布地图上用不同的颜色来代表民主党和共和党的支持率情况，整个美国大选的分布及整体状况便可一目了然。通过恰当的颜色使用就可以有效完成对抽象的数据的表达，把关键部分生动、直观地表现出来。

针对颜色可视化方法，人们已经总结出许多颜色的使用规律和指导原则，并将这些原则广泛地应用于各种可视化任务中，取得了良好效果，但是我们仍然需要对颜色原理和规律进行更多的研究。

图 2-4　2012 年美国大选情况统计

（图片来源：http://i.dimg.cc/b5/f8/db/e3/41/f8/57/d3/da/da/99/3a/6e/48/9a/af.jpg）

2.4.2　图形可视化

图形可视化是以图形的形式将数据呈现出来，最大限度地提高数据的可读性，丰富数据表达的方式，通常是把数据以图形、图表或地图等形式展示出来。例如，用柱形图的长度或高度表现数据大小，利用饼状图表达不同对象所占比例，利用折线图表达指标的变化趋势。

借助图形化的手段能清晰有效地传达信息，激发人类视觉的

34

各种潜能，快速、高频率的识别和处理相关的内容。利用图形进行信息表达的优点是形象生动，信息量大，看图比读文字更容易理解。图形可视化的目的是减少用户了解信息的时间，用图像和分级的方式把复杂的信息分解成简单易懂的部分，这样就可以提高数据信息的可识别性和记忆性。

　　图形可视化在信息界面中扮演了越来越重要的角色，它构建了人与信息界面沟通的桥梁，使得交流变的简洁、高效。如图 2-5 所示，Twitter 2014 年月活跃用户数量较之前一季增长了 6.3%，较 2013 年同期增长了 24%，达到 2.71 亿人，预期 2.67 亿。利用图形可以吸引用户的注意力，并且使用户能快速了解他们的关注点信息，同时图形化可以让表达的信息更具有记忆性。

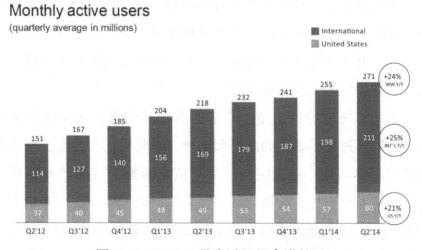

图 2-5　Twitter 月度活跃用户增长图

（图片来源：http://sobanks.com/image_ upload/image/20140730/2014 0730102748_ 967.jpg）

2.4.3 文本可视化

　　文本可视化技术综合了文本分析、数据挖掘、数据可视化、计算机图形学、人机交互、认知科学等学科的理论和方法，为人们提供了一种理解复杂的文本内容、结构和内在的规律等信息的有效手段（唐家渝等，2013）。随着大数据时代的到来，传统的文本分析技术已经无法满足人们对海量信息进行提取、理解和应用的需求了。文本可视化高度概括并且形象化表达文本信息中的核心内容，使人们能够利用视觉感知快速获取大数据中所蕴含的核心思想。文本可视化涵盖了信息抽取、自然语言理解、信息表达、视觉呈现、人机交互等多方面内容，是一个综合性的研究方向。根据不同的应用目的，文本可视化可以分为基于词汇的文本可视化、基于内容的文本可视化、基于时间序列的文本可视化和基于主题领域的文本可视化等。

　　文本可视化的目的是以丰富的图形或图像揭示文本中复杂的、难以通过文字表达的内容和规律，同时提供与视觉信息进行快速交互的功能，将无结构的文本信息转换为可视的有结构信息，从而充分发挥人类视觉认知、关联、推理能力，为海量文本理解与知识发现提供支持。图 2-6 是根据 IBM 2011 年度报告中总裁致辞中每个单词出现的频率生成的关键词云图，根据其出现频率的高低进行排列，排名最高的用最大字体表示。

图 2-6　IBM 总裁演讲词汇频率

（图片来源：http：//img1.imgtn.bdimg.com/it/u=3418520060.jpg）

2.4.4　地图可视化

随着科学计算可视化与地理信息技术的不断发展，可视化与地图学的结合产生了地图可视化。地图可视化是以地图学、计算机科学、地理信息系统、认知科学和信息传输学为基础，通过屏幕地图直观、形象与多维、动态地显示、解译、传输空间信息并揭示其规律的方法与技术的学科。

地图是人们获取地学空间信息的中介与桥梁，它是地理现实世界的表现或抽象，以视觉传输为主要传输方式，因此可视化是地图学的核心。可视化技术引起了地图学的理论和实践的进步，为现代地图学带来了虚拟性、动态性、交互性及网络性等新特征。地图可视化的出现促进了地图表示方法的进步，在描述数字环境、解释客观规律上与传统地图表现形式相比有重大的突破，地图可视化突破了二维、静态和单向传输的限制，向多维、动态、交互和虚拟的方向发展。

可视化理论为地图语言、地图认知带来了新的内涵，为传统地图带来了新的视觉变量和表现方法，拓展了地图信息表达和传输方式。可视化扩充了地图家族，出现了电子地图、动态地图、虚拟地图等新的地图模式，扩大了地图的功能。如图 2-7 所示，图中显示了 2007 年 12 月 11 日中国各省市地区的温度，辅以颜色可视化的方法，使观察者更加直观地看到中国各个地区的温度分布与变化趋势。通过实例可以看出，地图可视化实质上是为人们进行视觉思维而提供的基于空间数据的图形表示，通过叠加环境、人文经济及基础地理信息进行视觉表达与交流，实现地图视觉认知决策的目的。

图 2-7　中国各省市地区的温度

（图片来源：http：//img1. imgtn. bdimg. com/it/u = 2871057333. jpg）

2.5　本章小结

　　本章主要介绍了数据可视化的基本概念、流程以及具体应用。首先，介绍了可视化的发展历程和基本特点；其次，介绍了现今可视化的几种学术分支，例如科学计算可视化、信息可视化和知识可视化等；最后，介绍了可视化的四种典型可视化方法以及应用实例，例如颜色可视化、图形可视化和文本可视化等。通过对数据可视化理论的介绍，让读者对数据可视化技术有了初步了解。

第 3 章

数据挖掘技术

3.1 数据挖掘基本概念

随着现代信息技术的快速发展，政府与企业积累了海量、多源、异构的数据资料，但是从中能够获取的对人们有益的"知识"却是少之又少。为了获取海量数据背后隐含的关键信息，仅仅依靠传统数据库的查询检索和统计学方法很难实现这个目标。为了发现数据背后的潜在信息以及依据已有数据做出合理的预测，跨越数据和信息之间的鸿沟，数据挖掘（Date Mining）技术应运而生，它将数据转换成知识，从而达到为决策服务的目的。

从 20 世纪 80 年代开始，数据库技术普遍应用于生产生活中，信息采集技术和数据存储技术的发展使数据库容量日益增大。以 Web 计算为核心的信息处理技术也可以处理 Internet 环境下的多种信息源。这些各式各样的存储技术、管理方法及访问技术，促进了数据挖掘的迅速发展。

随着数据的膨胀和技术环境的进步，人们对联机决策和分析等高级信息处理的需求越来越迫切，并开始寻找能从海量数据集中获得有用信息和知识的方法（申彦，2013）。数据挖掘目前已成为各行业关注的热门技术，其产生及广泛应用得益于计算机技术的飞速发展。数据库、数据仓库和 Internet 等信息技术的不断进步，以及统计学理论和机器学习等方法在数据分析中的应用等促进了数据挖掘技术的研究与发展。

数据挖掘是从大量的、不完全的、有噪声的、模糊的、随机的实际应用数据中，提取隐含在其中的、人们事先不知道的、但又是潜在有用的信息和知识的过程（邵峰晶等，2003）。这些信息中包含有数据库中各个对象间的相关联系，能够反映出一些有价值的隐藏信息，为科研、企业决策及发展规划等方面提供重要的参考依据。

数据挖掘是一门跨学科的技术，统计学、数据库技术、机器学习、模式识别、人工智能、可视化技术等都在数据挖掘中起着作用（David Hand 等，2003）。数据挖掘通常具有以下几个特点：

（1）数据海量。数据挖掘通常都是在海量数据中进行，因为小数据量通过人工进行归纳分析即可获得规律，且一般小的数据量得出的结论不具有普遍性。

（2）实时性。通常数据变化的速度很快，规则只是已有数据库的特征体现，在加入新信息的同时，规则要进行相应的改变，从而保证规则的实时性和准确性。

（3）隐含性。数据挖掘是为了发现隐含在数据内的有用信息，而不是简单的表面的数据信息。

数据挖掘技术的应用十分广泛，可以用来进行商业智能应用和决策分析，例如，顾客细分、交叉销售、欺诈检测、商品销量预测等，在一些与生活息息相关的领域，数据挖掘展现出了强大的生命力。数据挖掘目前广泛应用于生物医学、银行、金融、零售、工业生产、通信等行业，具有重要的科学研究价值与现实意义。

　　生物医学数据挖掘是从大量的、不连续的、随机的生物医学数据中提取隐含在其中且潜在有用的数据，并且结合临床资料和生物学方法分析出具有临床和研究价值的信息的过程。例如，通过 DNA 分析技术可以发现许多疾病和残疾的基因成因，由此可以极大提高人们对疾病的诊断、预防能力并促进新药物、新治疗方法的发现。目前在生物医学数据挖掘中已经研究出许多生物序列模式分析技术和检索技术，数据挖掘已成为 DNA 分析中的强有力工具，对 DNA 分析起着很大的作用。

　　从银行与金融海量数据中提取出有价值的信息，为银行等机构的商业决策服务，是数据挖掘的重要应用领域。在银行和金融机构中产生的金融数据通常相对比较完整、可靠和高质量，这大大方便了系统化的数据分析和数据挖掘。数据挖掘在银行与金融业中的应用主要包括风险评估、客户关系管理、数据预测、趋势分析等。例如，通过多维聚类分析，可以将具有相同储蓄和贷款偿还行为的客户分为一组。有效的聚类和协同过滤方法有助于识别客户组，将新客户关联到适合的客户组，以推动目标市场。

　　如何利用零售数据并从中挖掘信息与知识是一个重要的问题。尽管零售商有不少的计算机系统去支撑企业常规的分析，但实际上还是未能从数据角度深入挖掘客户价值，仅从经营角度满足了常规分析工作。零售业积累了大量的销售数据，包括顾客购买历史记录，货物进出，消费与服务记录等，而且这些数据量随着网络或电子商务的商业方式迅速膨胀。例如，数据挖掘将零售业积累的大量的销售数据作为数据挖掘的基础资源，对顾客的购买行为进行深度挖掘，发现顾客的购买模式和趋势，改进服务质量，可以取得更好的客户保持力和满意程度。

3.2　数据挖掘流程

不同的领域通常具有不同的数据挖掘流程，为达到特定目标所设定的数据挖掘步骤相应也会有独有的特性。各个领域的独特性导致了数据挖掘技术在各自领域中的不同性质、使用方法和步骤，即便在同一领域，也会由于分析方法、数据完整性和相关知识的了解程度不同而有所差异，所以将数据挖掘具体流程进行规整、统一是很有必要的。通过结合不同的行业知识，实现跨领域应用，可以更好地发挥数据挖掘的作用。

数据挖掘流程中通常需要有数据清理、数据集成、数据选择、数据变换、数据挖掘、模式评估和知识表示这七个步骤（Jiawei Han 等，2012）。

（1）数据清理

针对数据库中的含噪声的（包含错误值）、不一致的（同样的信息表达不同）和不完整的（缺少属性值）数据进行清理和筛选，把修改之后的正确信息存储到数据库或数据仓库中，否则可能会严重影响数据挖掘的效果。

（2）数据集成

把不同来源、格式、特点和性质的数据在逻辑上或物理上有机地整合在一起，将异构、冗余的数据进行集成，从而使得数据成为一个整体，能够共享。

（3）数据选择

在数据库中搜索所有与任务相关的内部和外部数据信息，并从中提取出适用于数据挖掘应用的数据。

（4）数据变换

通过数据汇总、平滑聚集、数据概化、规范化等操作将数据变换和统一成适用于挖掘的形式，从而满足数据挖掘任务的需求。

（5）数据挖掘

针对数据仓库中的数据进行数据挖掘，选择合适的分析与计算工具，运用决策树、规则推理、模糊集、神经网络、遗传算法等智能方法进行处理，通常需要建立特定的数据挖掘模型，并将模型参数调整到最佳数值，以提取有用的数据模式与信息。数据挖掘模型具有一定通用性，可以解决与这类相似的挖掘任务。

（6）模式评估

在数据挖掘完成后，需要根据某种模式兴趣度度量，判别代表知识的真正有意义的数据模式，确保数据挖掘过程可以实现业务目标。该过程一般由行业专家通过评估来验证数据挖掘结果的正确性与有效性。

（7）知识表示

利用可视化和知识表示技术，将数据挖掘获得的知识呈现给用户，或者将新知识存储在知识库中，供其他应用和系统使用。该阶段应该能以多种形式表达所发现的模式，例如，规则、表、判定树、数据立方体等，通过多种表达形式将有利于用户理解识别有趣的数据模式与知识。

以上步骤中，数据清理和集成针对数据库进行，数据选择与变换则以数据仓库为对象，数据挖掘实施的结果是知识和数据模式，模型评估和表示则针对数据模式进行。

图 3-1 展示了数据挖掘的完整流程。由以上步骤可以看出，在进行数据挖掘实施之前，需要花费大量精力和时间在数据清理、集成、选择和变换等预处理步骤中。模式评估和知识表示则可以为用户提供模型调整评价依据和数据挖掘结果。从整体来看，数据挖掘是一个循环往复的过程，每个步骤如果未达到预期目标，都需要回到前面的步骤，重新调整执行。

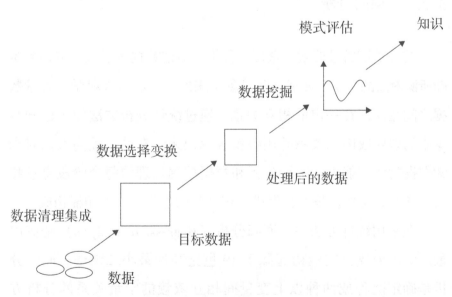

图 3-1　数据挖掘整体流程

3.3 数据挖掘主要方法

常用的数据挖掘方法一般包括回归分析、聚类分析、分类分析、时间序列分析，以及关联规则挖掘、Web 文本挖掘等。

3.3.1 回归分析

统计学是通过搜索、整理、分析、描述数据等手段，以达到推断所测对象的本质，甚至预测对象未来的一门综合性科学。海量数据之间往往存在一定的相互关系，通过统计分析方法找出已知数据中的映射或因果关系并用模型表示出来，有助于提高人们对未知数据的认知能力。统计分析和数据挖掘处理的每个阶段息息相关。同时数据挖掘技术也促进了统计学的进步，二者相辅相成。

在常用统计方法中，回归分析（Regression Analysis）是应用最广泛的分支，它最初起源于 19 世纪高斯最小二乘法。回归分析是确定两种或两种以上变量间相互依赖的定量关系的分析方法。在掌握大量观察数据的基础上，它利用数理统计方法建立因变量与自变量之间的回归关系函数表达式（称回归方程），找出变量间的数量关系。回归分析反映了数据属性值的特征，通过函数表达数据映射的关系来发现属性值之间的依赖关系，通常可以应用于数据序列的预测及相关关系的研究，例如，可以应用于市场销售中的销售趋势预测、产品周期分析等。

回归分析是研究自变量与因变量相互关系的一种数理统计方法，它根据已知的自变量 x 来估计和预测因变量 y 的总平均值，因变量通常是实际问题中所关心的一类指标。回归分析实质上是通过一个或几个变量的变化去解释另一变量的变化，包括找出自变量与因变量、设定数学模型、检验模型、估计预测等环节（刘为等，2014）。假定变量 y 随着变量 x 而变化，但不能由 x 的取值精确求出 y 的值，则称变量 y 与 x 间的这种关系称为相关关系，反之则称 y 与 x 之间存在确定的函数关系。

根据不同的标准可以划分不同的回归类别，例如，按自变量个数来分，可以将其划分为一元回归分析和多元回归分析；按照回归形态来分，可以将其划分为线性回归和非线性回归。以下分别介绍线性回归和非线性回归分析。

3.3.1.1 线性回归分析

作为最基本的分析方法，线性回归模型假定回归函数是线性的，自变量和因变量的关系大致上可用直线拟合表示。如果发现因变量 y 和自变量 x 之间存在高度的正相关，可以确定一条直线的方程，使得所有的数据点尽可能接近这条拟合的直线（Trevor Hastie 等，2004）。线性回归分析常用的方法有一元线性回归和多元线性回归方法。

一元线性回归是指事物发展的自变量与因变量之间是单因素

间的简单线性关系，它只包括一个自变量和一个因变量，二者关系可以用一条直线近似表示。一元线性回归模型可以表示为

$$y = a + bx \qquad\qquad (3.1)$$

其中 y 是因变量，x 是自变量，a 是常数，b 是回归系数。

多元线性回归通常包括两个或两个以上的自变量，且因变量和多个自变量之间是线性关系，多元线性回归模型的通常表示为

$$y = a + b_1 x_1 + b_2 x_2 + \cdots + b_n x_n \qquad\qquad (3.2)$$

其中，y 是因变量，x_1、x_2、$\cdots$、x_n 是自变量，a 是常数，b_1、b_2、$\cdots$、b_n 是回归系数。

3.3.1.2 非线性回归分析

在一些应用中，变量间的关系呈曲线形式，因此无法用线性函数表示自变量和因变量间的对应关系，需要使用非线性函数表示。当两个现象变量之间的相关关系呈现某种非线性的曲线关系时，拟合相应的回归曲线，建立非线性回归方程，这种分析方法称为非线性回归分析。数据挖掘中常用的非线性回归模型有 Logistic 曲线模型、二次曲线模型、双曲线模型、三次曲线模型、幂函数曲线模型、指数函数曲线模型、对数曲线模型和指数曲线模型等。

Logistic 回归模型属于概率型非线性回归，主要研究因变量为二分类或多分类观察结果与影响因素（自变量）之间关系的一种多变量分析方法。Logistic 回归的因变量可以是二分类的，也可以是多分类的，实际中最为常用的是二分类 Logistic 回归。Logistic 回归模型常用于疾病危险因素寻找、疾病判别、经济预测

等领域。

3.3.2　聚类分析

聚类分析（Cluster Analysis）是指将物理或抽象对象的集合分成若干个由相似对象组成的类的过程（王骏等，2012）。聚类实质上是根据数据的相似性和差异性将一组数据划分为若干类别，其目的是使得属于同一类别数据之间的相似性较大，而不同类别数据之间的相似性较小，跨类的数据关联性很低。聚类分析通过建立类别的宏观概念，增强人们对数据之间关系的认识。

聚类分析是一个探索性的过程，它从样本数据出发，自动进行聚类，而不必事先给出划分标准。对于同一组数据使用不同方法进行聚类，所得到的结果未必一致。通过聚类分析，人们可以发现不同数据源之间的相似性，并把数据源划分到不同的类中。聚类分析可以作为一种独立工具来分析数据的分布情况，目前它已被广泛应用到诸多领域，例如，客户群体分类、客户背景分析、购物趋势预测、市场细分等。

聚类分析发展至今已经产生了大量经典算法，常用的聚类算法主要包括划分聚类方法、层次聚类方法、密度聚类方法、网格聚类方法和模型聚类方法等（张静，2014），以下详细介绍划分聚类方法、层次聚类方法和密度聚类方法。

3.3.2.1　划分聚类方法

划分聚类的任务是将数据划分成若干个不相交的点集，使每个子集中的点尽可能同质。

给定一个含有 n 个对象（数据元组或记录）的数据集合，首先将数据划分为 k（$k \leq n$）个分组，每个分组代表一个聚类且至少包含一个对象，每个对象属于且仅属于一个分组。针对给定的 k，算法首先给出一个初始的分组方法，然后通过一定的规则移动不同分组的对象，反复迭代改变分组，使得每一次改进之后分组方案都比前一次好，最终得到一个最优的划分结果，即同组内的对象是相似的，而不同组间的对象差异较大。

划分方法是一种基于距离的方法，适合寻找球形互斥的聚类，处理中小规模的数据集时表现良好。划分聚类的代表算法有K-means 算法、K-medoids 等，其中 K-means 算法是使用较多的经典方法。

K-means 是典型的基于距离的聚类算法，按照均值来划分，采用距离作为相似性评价指标。K-means 算法以欧式距离作为相似度测度，如果两个对象的距离越近，其相似度就越大。该算法需要输入包含 n 个对象的数据集合以及聚类的个数，通过一系类的迭代过程最终输出方差最小的 k 个聚类（翟东海等，2014）。其具体的算法流程为：

（1）从 n 个对象中随机选取 k 个对象，作为 k 个聚类的初始中心；

（2）根据每个聚类的中心对象（均值），计算所有对象到 k 个中心的距离，并将它们归类到距离最小的聚类中；

（3）重新计算 k 个聚类的中心对象（均值）；

（4）将 n 个对象按照新的中心重新聚类；

（5）重复第 4 步，直到满足条件，即 k 个中心点收敛或执行了足够多次的迭代后，输出结果。

通常用均方差函数作为上述判断收敛的函数，即：

$$J = \sum_{i=1}^{k} \sum_{p \in C_i} \| p - m_i \|^2 \qquad (3.3)$$

其中 J 为 n 个数据对象的均方差，p 为聚类 C_i 中的对象，m_i 为 C_i 的均值。

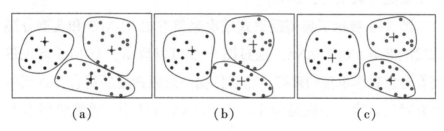

（a）　　　　　　　　（b）　　　　　　　　（c）

图 3-2　K-means 算法示意图

算法流程如图 3-2 所示。在图 3-2（a）中，首先在 n 个数据对象中任选 3 个作为初始中心，然后通过距离的远近把所有对象作第一次归类；计算每个聚类的均值中心，其次按距离归类，以此迭代；图 3-2（c）中即为最终结果。

3.3.2.2　层次聚类方法

层次聚类方法（也称系统聚类方法）对给定的数据集进行层次的分解，直到某种条件满足为止，最终将数据对象组成一棵聚类的树。层次聚类方法不需要指定聚类的个数，但可以将希望得到的聚类数目作为结束条件。层次聚类方法涉及的运算量大，适用于处理小样本数据。

根据层次分解是自底向上还是自顶向下，层次聚类方法可以进一步分为凝聚式层次聚类（agglomerative）和分裂式层次聚类（divisive）。凝聚式层次聚类采用自底向上的策略，首先将每一个对象都作为一个聚类，然后通过不断迭代将小聚类合并为越来越大的聚类，直到某个终结条件被满足。分裂式层次聚类采用自顶向下的策略，首先将所有对象看作一个聚类，然后逐渐细分为越来越小的聚类，直到达到了某个终结条件，或所有对象单独成为一个聚类（段明秀，2009）。

图3-3展示了典型凝聚式层次聚类方法AGNES和典型分裂式层次聚类方法DIANA。通过图3-3可以看出，AGNES首先将所有对象看作单独的聚类，然后依据一定原则逐层聚合，直到将所有对象归为一个聚类为止；在DIANA方法中，首先将所有对象看作一个聚类，然后依据一定的标准逐层分解，最终使每个聚类都只含有一个对象。

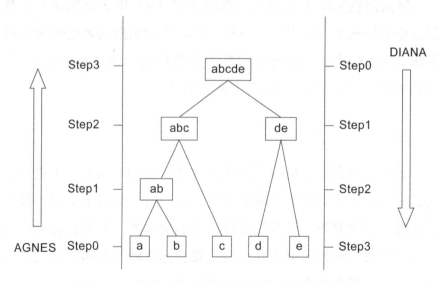

图3-3　凝聚式和分裂式层次聚类方法示意图

3.3.2.3　密度聚类方法

密度聚类方法以数据对象在空间分布的密度为依据进行聚类分析，无须预先设定聚类的数量，适合针对未知内容的数据集进行聚类。只要区域中数据样本点的密度大于某阈值，则将该样本添加到最近的聚类中。对于聚类中的每个对象，在给定半径的邻域中至少要包含最小数目的对象。密度聚类方法可以过滤噪声和孤立点，克服基于距离的算法只能发现"类圆形"的聚类的缺点，可以发现任意形状的聚类。典型密度聚类方法包括 DBSCAN、OPTICS、DENCLUE 等算法，这里以具有代表性的 DB-SCN 算法为例进行介绍。

高密度连接区域的密度聚类方法（DBSCAN）与划分和层次聚类方法不同，它将聚类定义为密度相连的点的最大集合，能够把具有足够高密度的区域划分为聚类，并可在含有噪声的数据库中发现任意形状的聚类（冯少荣等，2008）。

以下是 DBSCAN 算法涉及的基本定义。

ε 邻域：给定指定对象半径为 ε 内的区域称为该对象的 ε 邻域；

核心对象：如果给定对象 ε 邻域内的样本点数大于等于最小数目 MinPts，则称该对象为核心对象；

直接密度可达：对于样本集合 D，如果样本点 q 在 p 的 ε 邻域内，并且 p 为核心对象，那么对象 q 从对象 p 出发是直接密度可达的；

密度可达：对于样本集合 D，给定一串样本点 $p_1, p_2, \cdots, p_n$

（P_i），其中 $p = p_1$，$q = p_n$，假如对象 p_i 从 p_{i-1} 直接密度可达，那么对象 q 从对象 p 密度可达。

密度相连：对于样本集合 D 中的任意一点 O，如果存在对象 p 到对象 O 密度可达，并且对象 q 到对象 O 密度可达，那么对象 q 到对象 p 密度相连。

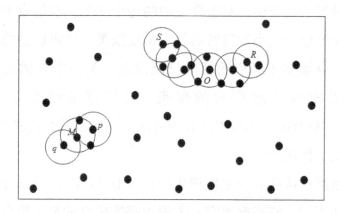

图 3-4　基于密度方法相关概念示意图

假定 $\varepsilon = 3$，MinPts $= 3$，如图 3-4 所示，根据定义我们可以得出如下结论：

（1）p、M、O 和 S 都是核心对象；

（2）点 M 从点 p 直接密度可达，因为 M 在 p 的 ε 邻域内，并且 p 为核心对象，同样点 q 从点 M 直接密度可达；

（3）从上述结果进而可以得出 q 是从 p 密度可达的，但 p 无法从 q 密度可达，这也表明了它的非对称关系。同样的，S 和 R 从 O 密度可达；

（4）进而得出 R、O 和 S 是密度相连的。

DBSCAN 算法首先会随机选择一个对象 p，并检查 p 的 ε 邻域是否至少包含最小数目 MinPts 个对象。如果不是则 p 被标记为噪声点，否则为 p 创建一个新的簇 C。然后 DBSCAN 根据核心对象，检查其他对象是否能够密度可达，并将满足要求的对象合并。当簇中没有新的对象加入时，本聚类进程结束。为了找到下一个簇，DBSCAN 从剩下的对象中随机选择一个未访问过的对象。聚类过程继续，直到所有对象都被访问。

3.3.3　分类分析

分类与聚类相似，在数据挖掘中应用最为广泛。分类分析（Classification Analysis）需要找出数据库中一组数据的共同特征并按照分类模式将其划分为不同的类，其目的是提出一个分类函数或分类模型（或称分类器），利用该模型能将数据库中数据项映射到给定类别中的某一个（李志聪，2007）。分类分析实质上是应用已知的部分属性数据去推测未知的离散型属性数据，但被推测的属性数据的可取值是预先定义好的。因此要实现这种推测，就需要在已知的和未知的属性之间建立一个有效的模型，即分类模型。

数据分类通常包括学习阶段（构建分类模型）和分类阶段（使用模型预测给定数据的类标号）两部分。学习阶段的目的是建立一个模型，来描述特定的数据类集或概念集。通过分析训练数据集来构造分类模型，可以使用分类规则、决策树或支持向量机等方法建立。在分类阶段首先要评估分类模型的预测准确率，然后用该模型对类别未知的数据进行分类。

分类分析可以应用于客户分类、客户趋势预测、客户满意度分析等，例如，电子商务网站可以根据用户购买情况将进行分类，针对不同特征提供差异化服务，从而大大提供商业利润。常用的分类方法一般包括基于距离的分类方法、决策树分类方法、贝叶斯分类方法等。

3.3.3.1 基于距离的分类方法

基于距离的分类就是用距离来表征各个数据元组与类的相似性，距离越近相似性越大，距离越远相似性越小。该方法通常使用某种距离尺度如欧氏距离为度量，描述不同数据元组与类之间的关系。通过对每个数据元组和各个类的中心来比较，从而可以找出他的最近的类中心，得到确定的类别标记。

K 最近邻算法（K-Nearest Neighbors，KNN）是一种常用的基于距离的分类方法。KNN 在确定测试样本类别时，寻找所有训练样本中与该测试样本距离最近的前 K 个样本，然后看这 K 个样本大部分属于哪一类，那么就认为测试样本也属于那一类（姚莉秀等，2001）。KNN 算法没有训练过程，只在测试时通过计算待测样本与训练样本之间的相似度，选择 K 个相似度最高的样本点，然后通过投票规则来判断这个测试点的类别。简单地说使用投票的原则作为分类决策，即 K 个最近邻中，多数样本的类别就是待测样本的类别。

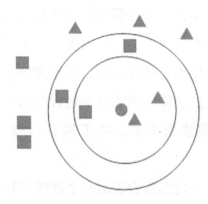

图 3-5　KNN 算法示意图

KNN 算法的基本原理如图 3-5 所示，图中包含两种类型的样本，即正方形和三角形，圆形是待分类数据。假设 $K=3$，那么离圆形待分类点最近的有 2 个三角形和 1 个正方形，3 个点进行投票，待分类点将归属于三角形；假设 $K=5$，离圆形待分类点最近的有 2 个三角形和 3 个正方形，5 个点进行投票，最终待分类点将归属于正方形。

KNN 算法具有简单、直观易用、易于实现等优点，它是一种非参数的分类算法，不需要计算和推理，采用该方法可以较好地避免样本的不平衡问题，比较适用于样本容量比较大的类域的自动分类。KNN 已被广泛应用于分类、回归等模式识别领域中。

3.3.3.2　决策树分类方法

决策树（又称判定树）是一种依托于策略抉择而建立起来的用于分类的树型结构，它可以是二叉树或多叉树。决策树通过将大量数据有目的地分类，从中找到有价值的信息供用户做出正确的决策。利用决策树进行决策的过程就是从根节点开始测试待分

61

类项中相应的特征属性，并按照其值选择输出分支，直到到达叶子节点，将叶子节点存放的类别作为决策结果（张宇，2009）。

决策树算法的优点是描述直观、易于理解，容易转化成分类规则，准确率高；算法除了训练集中包含的信息外不需要额外的领域背景知识；算法效率高，决策树只需要一次构建，反复使用。

决策树中每一个内部节点表示一个逻辑判断（即在一个属性上的测试），该节点的每个后继分支对应于该属性的一个可能值，每个叶子结点表示类或类分布，树的最顶层结点为根结点。实例分类时采用自顶向下的递归方式，通过把实例从根节点排列到某个叶子节点来完成实例分类。

决策树分类方法通常可以分为两步（Ian H，Witten，2006）：

（1）利用训练集建立并优化一棵决策树，建立决策树模型。

该过程本质上是从数据中获取知识，进行机器学习的过程。决策树模型的生成通常需要树的生成和树的剪枝两个步骤。

在树的生成阶段，决策树通过反复分拆训练集而成。在每次分拆时，都是利用某种分拆规则选择一个属性。因所选属性值不同而将训练集分成多个子集。在每个子集上重复同样的分拆过程，直至每个分拆后的训练集子集样本均属于同一类别为止。该阶段最关键的操作是在树的节点上选择最佳测试属性，该属性可以将训练样本形成最好的划分。最佳测试属性的选择标准通常包括信息增益和基尼指数等。

树的剪枝目的是降低由于训练集存在噪声而产生的起伏。按剪枝发生在树生长停止之前或之后可以分为前剪枝算法和后剪枝算法，其中后剪枝从树的末端开始，逐个剪去各子节点，得到一系列子树，再从中选择质量最佳者。

（2）利用已生成的决策树对输入数据进行分类。

当对一个未知实例进行分类时，从根结点开始依次测试未知实例属性值，根据在各个连续节点上的测试结果，自上而下地从树上寻找出一条路径，直到到达某个叶子节点，未知实例的分类就是叶子所标注的类。

图 3-6 中的决策树可以预测一个人是否会去打乒乓球。依据天气情况对新数据样本进行分类，从根节点（天气）开始，如果为雨天，直接判断这个人不会去打乒乓球；如果是晴天，则需进一步判断是否刮风；如果天气是阴天，需要进一步判断空气是否潮湿，直到叶子节点可以判定该样本的类别。

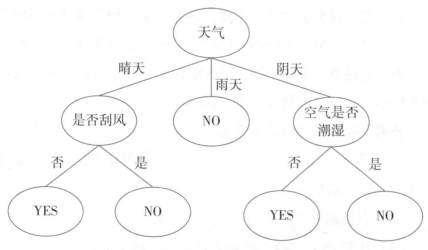

图 3-6 决策树分类示意图

ID3 和 C4.5 是比较经典的决策树生成算法，它们生成决策树的过程大致相似，其中 ID3 采用信息增益作为特征选择的度量，而 C4.5 采用信息增益比作为度量。

3.3.3.3 贝叶斯分类方法

贝叶斯分类算法以处理不确定性信息的贝叶斯定理为基础，是一类利用概率统计知识进行分类的算法，如朴素贝叶斯算法。这些算法利用贝叶斯定理来预测未知类别的样本属于各个类别的可能性。贝叶斯理论基于概率和统计理论，具有坚实的数学基础，是一种不确定性推理方法。贝叶斯分类方法已广泛应用于统计决策、专家系统和医疗诊断中。本节以朴素贝叶斯分类为例进行介绍。

朴素贝叶斯分类是一种有监督的学习方法，它假定一个属性对给定类的影响独立于其他属性，朴素贝叶斯分类方法具有效率高、精度高、误分类率低等优点，具有坚实的理论基础并得到广泛的应用。朴素贝叶斯分类方法对于给出的待分类样本，求解在此样本出现的条件下各个类别出现的概率，哪个最大就认为此待分类样本属于哪个类别（王峻，2006）。

朴素贝叶斯分类可以定义为：

（1）设 $x = \{a_1, a_2 \cdots, a_m\}$ 为一个待分类样本，而每个 a 为 x 的一个特征属性。

（2）有类别集合 $C = \{y_1, y_2, \cdots, y_n\}$。

（3）计算 $P(y_1 \mid x)$，$P(y_2 \mid x)$，$\cdots$，$P(y_n \mid x)$。

（4）如果 $P(y_k \mid x) = \max\{P(y_1 \mid x)$，$P(y_2 \mid x)$，$\cdots$，$P(y_n \mid x)\}$，则 $x \in y_k$。

图 3-7 展示了朴素贝叶斯分类的流程。它可以划分成三个阶

段，其中准备工作阶段是对数据进行预处理以获得质量更好的分类结果；分类器训练阶段通过计算训练样本数据来生成分类器；应用阶段运用生成的分类器对待分类样本进行分类。

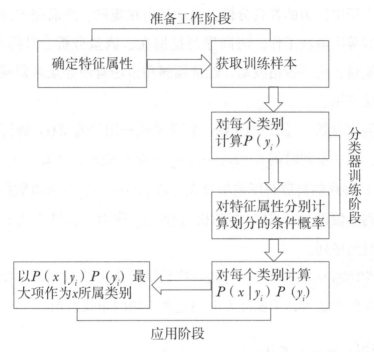

图 3-7　贝叶斯分类流程示意图

3.3.4　时间序列挖掘

时间序列挖掘（Time Series Mining），或称序列模式挖掘，是指从大量时间序列数据中发现相对时间或者其他顺序所出现的高频率子序列，以提取人们事先不知道的但又潜在有用的信息和知识，是数据挖掘中的一个重要研究分支，具有较大的应用价值。所谓时间序列是按照时间顺序排列的被观测到的数列，这些数列由于各种因素的作用，对外表现出一定的随机特性，数值间存在着统计上的依赖关系，即前后时间点的数值间的相关性往往呈现某种趋势或周期性变化（汤岩，2007）。时间序列挖掘通过对过去历史行为的客观分析，揭示其内在规律，进而完成预测未来发展等决策性工作。时间序列挖掘在客流量分析、月降水量、河流流量、股票价格波动、经济预测和市场营销等众多领域得到了广泛应用。

假定对某一过程中的某一个变量或一组变量 $X(t)$ 进行观察测量，在一系列时刻 t_1，t_2，…，t_n（t 是自变量，且 $t_1 < t_2 < \cdots < t_n$）得到的离散有序数集合 X_{t1}，X_{t2}，…，X_{tn} 称为离散数字时间序列。假设 $X(t)$ 是一个随机过程，X_{ti} 称为一次样本实现，即一个时间序列。

常用的时间序列分析方法有指数平滑法和基于 ARMA 模型的序列匹配方法等，下面简要介绍这些方法的步骤原理。

3.3.4.1 指数平滑法

指数平滑法是一种特殊的加权移动平均法，它假定时间序列的态势具有稳定性或规则性。指数平滑法假定预测值是以往观测值的加权和，且对不同的数据给予不同的权数，其加权的特点是对离预测期近的历史数据给予较大的权数，即较近期观测值的权数比较远期观测值的权数要大，权数由近到远按指数规律递减（芮海田，2013）。根据平滑次数不同，指数平滑法可以划分为一次指数平滑法、二次指数平滑法和三次指数平滑法等。下面以一次指数平滑为例进行介绍。

假设时间序列 x_1，x_2，$\cdots$，x_n，其中 n 为时间序列的总期数，则一次指数平滑的基本公式为：

$$S_t^{(1)} = \alpha x_t + (1 - \alpha)S_{t-1}^{(1)} ，（t=1，2，3，\cdots，n）\quad (3.4)$$

$$\hat{Y}_{t+1} = S_t^{(1)} \quad\quad\quad (3.5)$$

其中 $S_t^{(1)}$ 为第 t 期的一次指数平滑值，上标（1）表示一次指数平滑；$S_{t-1}^{(1)}$ 表示第（$t-1$）期的一次指数平滑值；α 表示平滑系数，取值在 0 到 1 之间；$\hat{Y}_{t+1}$ 表示第（$t+1$）期的预测值。

在确定平滑系数 α 时，当时间序列呈稳定的水平趋势时，α 应取较小值，如 0.1 ~ 0.3；当时间序列波动较大，长期趋势变化的幅度较大时，α 应取中间值，如 0.3 ~ 0.5；当时间序列具有明显的上升或下降趋势时，α 应取较大值，如 0.6 ~ 0.8；在实际运用中，可取若干个 α 值进行试算比较，选择预测误差最小的 α 值。

指数平滑法对时间序列具有平滑作用，系数 α 越小，平滑作用越强，但对实际数据的变动反应较迟缓。一次指数平滑法将所有的观察值考虑在内，对各期按时期的远近赋予不同的权重，使预测值更接近实际观察值。一次指数平滑法适用于对变化比较平稳的时间序列作短期的预测，对近期预测精度高，但对上升和下降趋势过程中的预测偏差较大。

3.3.4.2　基于 ARMA 模型的序列匹配方法

ARMA 模型是用于描述平稳随机过程的自回归滑动平均模型。作为最基本、应用最广泛的时间序列模型，ARMA 以自回归模型（简称 AR 模型）与滑动平均模型（简称 MA 模型）为基础混合构成（安潇潇，2008）。ARMA 模型将预测信息指标随时间推移而形成的数据序列看作是一个随机序列，这组随机变量所具有的依存关系体现了原始数据在时间上的变化。由于 ARMA 模型可将系统的特性与系统状态的所有信息凝聚在其中，因此它还可以用于时间序列的匹配。

对于平稳、正态、零均值的时序 $X = \{x_t \mid t = 0, 1, 2, \cdots, n-1\}$，如果 X 在 t 时刻的取值不仅与其前 n 步的各个值 x_{t-1}，x_{t-2}，$\cdots$，x_{t-n} 相关，而且还与前 m 步的各个干扰 α_{t-1}，α_{t-2}，$\cdots$，α_{t-m} 有关，那么按照多元线性回归方法，可以获得一般的 ARMA (n, m) 模型（张贤达，2002）：

$$x_t = \sum_{i=1}^{n} \varphi_i x_{t-i} - \sum_{j=1}^{m} \theta_j \alpha_{t-j} + \alpha_t \qquad (3.6)$$

其中 α_t 为高斯白噪声，满足 $\alpha_t \sim NID(0, \sigma_a^2)$。

$AR(n)$ 模型是 ARMA (n, m) 模型的一种特殊情况。对于一般的 ARMA 模型表达式中，若 $\theta_j = 0$，则有：

$$x_t = \sum_{i=1}^{n} \varphi_i x_{t-i} + \alpha_t \qquad (3.7)$$

其中 $\alpha_t \sim NID(0, \sigma_a^2)$，此时的模型中没有滑动平均部分，因此称为 n 阶自回归模型，记为 $AR(n)$。

$MA(m)$ 模型是 ARMA (n, m) 模型的另一个特例。在一般的 ARMA 模型表达式中，当 $\varphi_i = 0$ 时，有：

$$x_t = \alpha_t - \sum_{j=1}^{m} \theta_j \alpha_{t-j} \qquad (3.8)$$

此时的模型中无自回归部分，因此称之为 m 阶滑动平均模型，记为 $MA(m)$。

在建立时序对应的 ARMA 模型之后，通过构造判别函数来进行序列的相似性判断。通常用最小二乘法来建立 AR 模型。由 AR 模型的表达式可以得到下面矩阵形式的方程：

$$y = x\varphi + \alpha \tag{3.9}$$

其中

$$y = \begin{bmatrix} x_{n+1} & x_{n+2} & \cdots & x_N \end{bmatrix}^T$$

$$\varphi = \begin{bmatrix} \varphi_1 & \varphi_2 & \cdots & \varphi_n \end{bmatrix}^T$$

$$\alpha = \begin{bmatrix} \alpha_{n+1} & \alpha_{n+2} & \cdots & \alpha_N \end{bmatrix}^T$$

$$x = \begin{bmatrix} x_n & x_{n-1} & \cdots & x_1 \\ x_{n+1} & x_n & \cdots & x_2 \\ \vdots & \vdots & \vdots & \vdots \\ x_{N-1} & x_{N-2} & \cdots & x_{N-n} \end{bmatrix}$$

则其参数矩阵 φ 的最小二乘估计为：

$$\hat{\varphi} = (x^T x)^{-1} x^T y \tag{3.10}$$

通过上述模型可以得到待测序列 $X = \{x_t \mid t = 0, 1, 2, \cdots, n-1\}$ 的参数模型 φ_X 及参考序列 Y 的参数模型 φ_Y。φ_X 和 φ_Y 都可以视为 n 维空间的点，因此序列的相似性问题就转化为 R^n 中的距离问题，因此可以基于距离来构造判别函数（郑泓，2013）。

3.4　本章小结

　　本章着重阐述了数据挖掘的理论、技术、方法及应用。首先介绍了数据挖掘的基本概念、特点与应用；详细介绍了数据挖掘流程中常用的七个步骤；最后着重阐述了目前几种典型的数据挖掘方法，包括回归分析、聚类分析、分类分析和时间序列挖掘方法。通过本章的介绍，使读者对数据挖掘技术有了初步了解。

第 4 章

系统设计开发与运行平台

4. 1　Visual. NET Framework 与 C#

4. 1. 1　. NET 简介

　　. NET 是由微软推出的 XML Web Services 平台，构建于 XML 语言和 Internet 产业标准之上，为用户提供 Web 服务的开发、管理和应用环境。不管是微软系统还是非微软系统，都可以构建 . NET 平台，建立在 . NET Framework 之上的应用程序在网络上可以进行通信和共享数据，为技术人员提供了一个互联互通的环境。. NET 将网络作为构建新一代操作系统的基础，并对网络和操作系统的设计思想进行了延伸，使开发人员能够创建出与操作系统、设备和编程语言无关的应用程序，易于实现网络应用。

　　. NET Framework 是一种新的计算平台，它实现了代码编译、组件配置、程序执行等各个层面的功能，为我们提供了一个托管、高效、安全的执行环境。. NET Framework 简化了在高度分布式网络环境中的应用程序开发模式，并使应用程序的性能和使用方式发生了一次飞跃（Jeffrey Richter，2003）。

.NET 平台的基本框架如图 4-1 所示。

图 4-1 .NET 平台基本框架

Microsoft.NET 可以用来实现 XML Web Services、面向服务的体系架构（Service-Oriented Architecture，SOA）和敏捷性技术(梁爽等，2010)。技术人员将 Microsoft.NET 看作是一个平台，在平台上创建应用程序和系统，.NET 应用运行于 .NET Framework 之上。Microsoft.NET Framework 是在 Microsoft.NET 平台上进行开发的框架，它为创建 XML Web Services 以及将各类服务集成提供技术支撑。如果一个应用程序与 .NET Framework 无关，就不能叫作 .NET 程序。

4.1.2 .NET 优势与特性

Microsoft.NET 提供了解决问题的方案，它代表了一个集合、一个环境、一个可以作为平台支持下一代 Internet 的可编程结构。作为一个新的平台，现在我们来了解 . NET 特有的优势与特点。

1）通用性

Microsoft. NET 具有跨语言、跨平台、安全等特点，支持开放互联网标准和协议。. NET 应用程序可以运行在任何装有 . NET 的操作系统中，因此 . NET 应用程序可以很好地实现移植，不受操作系统的限制。

2）互操作性

. NET 支持多种语言的互操作，不同语言之间可以进行互相调用，跨语言继承、调试，这给编程人员带来了极大的便利，在设计程序的过程中可以充分利用每种编程语言的优势。

3）基类库

基类库提供了一个统一的面向对象的、层次化的、可扩展的编程接口，可以被各种语言调用和扩展。基类库除了隐藏原始 API 调用复杂性外，还提供 . NET 支持的所有语言所使用的一致对象模型。

4）支持多种编程语言

. NET 平台支持的编程语言多达二十多种，例如 Visual C#、Visual Basic. NET、Visual C + +. NET、Visual J#等，这样就扩展了 . NET 的应用范围，更多类型的编程人员都可以使用。

4.1.3　. NET 平台构造模块

. NET 中包含三个重要的实体，即 CLR（Common Language

Runtime）、CTS（Common Type System）和 CLS（Common Language Specification）。其中，CLR 是 . NET Framework 的核心，而 CTS 和 CLS 是 CLR 的核心。. NET 的初级组成是 CIL（Common Intermediate Language）和 CLR。以下将对 . NET 中的重要模块进行详细介绍（Jeffrey Richter，2003）。

1）CIL

CIL（Common Intermediate Language）是通用中间语言，是一种属于通用语言架构和 . NET Framework 低级的可读编程语言。CIL 包括一般系统、基础类库和与机器无关的中间代码。. NET 平台上的所有编程语言源代码都将被编译成通用中间语言，是一种与平台无关的语言（Robert Powell 等，2002）。

不管使用哪种 . NET 支持的编程语言，其相关的编译器都将生成独立于本地 CPU 的 CIL 指令。CIL 还具有平台无关特性，例如一个代码库可以在多种操作系统上运行。CIL 指令不是某一特定平台的指令，因此 CIL 代码必须在使用之前进行即时编译。CIL 代码类似于 Java 的字节码，即时编译器（JIT）可以将 CIL 代码转换成计算机可以读懂的机器代码，在运行时 CIL 代码被检查并提供比二进制代码更好的安全性和可靠性。

2）CLR

CLR（Common Language Runtime）即公共语言运行库，作为 . NET 框架的主要执行引擎，是一个类似于 Java 虚拟机的运行时环境，它是 . NET 框架的核心。CLR 是一种多语言执行环境，支持众多的数据类型和语言特性，它主要负责管理应用程序域、安全地加载和运行程序代码、内存管理、垃圾自动回收、线程管理、远程处理和安全性等管理工作，并保证应用程序和底层操作系统之间必要的分离（张宏鸣，2016）。CLR 在监视程序运行的过程中，严格进行安全检查和维护，以确保程序运行得准确、安全、可靠。

CIL 的执行需要 CLR，由 CLR 实现中间语言到本地语言的编译。CLR 检查元数据以确保调用正确的方法。如果一种语言实现生成了 CIL，它也可以通过使用 CLR 被调用，这样它就可以与任何其他.NET 语言生成的资料相交互。

3）CTS

CTS（Common Type System）即公共类型系统，可以用来规范数据的组织形式和公共语言运行库 CLR 处理数据的规定。CTS 规定了类型必须如何定义才能被 CLR 承载，而 CLR 通过 CTS 实现严格的类型和代码验证，以增强代码鲁棒性。CTS 是.NET 中一个预定义类型系统，定义了每个类型的行为规范。CTS 规定了可以在语言中定义的类、结构、委托等类型，规范了类型中可以包含的属性、方法和事件，规定了各种访问特征以及约束等（张志学，2002）。

.NET 支持的语言如 C#、Visual Basic.net 等都支持 CTS，经过编译后都能变成 CTS 中的一个类型。在.NET 中"类型"是一个集合，可能会是类、结构、接口、枚举、委托等类型中的任意一个成员。

4）CLS

CLS（Common Language Specification）即公共语言规范，它定义了一些常见的、大多数语言所共有的语言特性，并把.NET

所支持的各种语言统一起来。CLS 规定了运行在 . NET 平台上的语言所必须支持的最小特征，以及此语言与其他语言之间为实现互操作所需要的完备特征，因此必须遵循 CLS 规则才能使自己研发的产品更好地与 . NET 平台融合在一起。

CLS 是 CTS 的一个子集，所有 . NET 语言都应该遵循此规则才能创建与其他语言可互操作的应用程序。所有适用于 CTS 的规则都适用于 CLS，除非 CLS 中定义了更严格的规则。CLS 通过定义一组可以在多种语言中都可用的功能来增强和确保语言互用性。

4.1.4　C#编程语言

C#（读作 C Sharp）是由微软公司专为 . NET 平台设计的面向对象的编程语言，具有面向对象、平台独立、简单、安全、强大、稳定等特性。C#以其强大的功能、优雅的语法风格、创新的语言特性和面向组件编程的支持，成为 . NET 开发的首选语言。

C#从 C、C++和 Java 发展而来，吸取了这三种语言最优秀的特点，在继承 C、C++语法结构的同时去掉了一些复杂的特性（如取消了 C 的指针操作），增强了一些功能，并加入了自己的特性（例如快速开发特性），利用 C#可以使程序员快速地编写各种基于 Microsoft. NET 平台的应用程序。C#将 Java 虚拟机的概念引入到了 COM 领域。C#与 Java 有很多相似的语法，例如封装、继承、接口、编译中间代码等。

C#是为生成在 . NET Framework 上运行的各种应用程序而设

计的。C#是一种可视化编程语言，能够充分利用 OS 系统的底层功能，同时又具备了完全的面向对象特性。C#提供了很多控件用于开发应用程序，可以利用它来编写基于通用网络协议的 Internet 服务软件、数据库和 Windows 窗口界面程序等（Joseph Albahari 等，2009）。

Visual C#. NET 是微软对 C# 语言的实现，它使程序员能够在微软 . NET 平台上快速开发各类强大的应用程序。C#不是 . NET 平台的唯一语言，但它是 . NET 开发的首选语言。

4. 1. 5　基于 . NET 的开发工具 Visual Studio. NET

2002 年微软发布第一款基于 . NET 架构的开发工具 Visual Studio. NET 2002，该工具将强大功能与新技术结合起来，用于构建具有较好用户体验的应用程序，实现跨技术边界的无缝通信，并且能支持各种业务流程。Visual Studio. NET 可以用于开发调试 ASP. NET Web 应用程序、XML Web Services、桌面应用程序和移动应用程序等。Visual Studio. NET 2002 中引入了 . NET Framework 1. 0、托管代码机制以及一门新的语言 C#。

Visual Studio. NET 通过完整的集成开发环境为开发人员提供了功能齐全的代码编辑器、编译器、项目模板、设计器、代码向导、调试器以及其他工具，功能强大且易于使用。利用 Visual Studio. NET 可以方便地创建、调试和运行 C#程序，大大缩短应用程序开发、调试与部署时间，提高开发效率，实现应用的快速开发。Visual Studio 不管代码是在本地执行、还是在 Internet 上分布或者远程执行的程序，都提供一致的面向对象的编程环境，并能够与其他代码集成。编程人员在面对不同类型的应用程序时可以保持一致，例如，基于 Windows 的应用程序与基于 Web 的应用程序。

发展至今 Visual Studio. NET 已经更新过很多版本（目前最新版本为 Visual Studio 2017），功能不断增多，性能持续优化，为用户提供更多人性化的操作。在本书涉及的课题研究中主要采用了 Visual Studio 2012 版本作为开发工具。

Visual Studio 2012 包含 . NET Framework 4.5，其开发平台强调协作、简单、易操作，并与 Windows 8 完美融合。Visual Studio 2012 拥有 Ultimate（旗舰版）、Premium（高级版）、Professional（专业版）、Express（速成版）等多个版本，其中 Express 版是免费的。Visual Studio 2012 提供了适用于 Web、Windows 8、Share-Point、手机和云平台开发的新功能，同时还提供了应用管理生命周期工具，可以缩短开发周期，支持团队开发（蒋丽等，2002）。

4.2　SQL Server 2008 数据库管理系统

4.2.1　数据库管理系统

数据库管理系统（Database Management System，DBMS）是数据库系统的核心，它介于用户和 OS 之间，可以实现对共享数据的有效组织、管理和各种操作。DBMS 是一种操纵和管理数据库的大型系统软件，负责数据库的定义、建立、操作、管理和维护。DBMS 对数据库进行统一的管理和控制，以保证数据库的一致性、完整性和安全性（RyanStephens，2011）。用户通过 DBMS 访问数据库中的数据，数据库管理员通过 DBMS 进行数据库的维护工作。

DBMS 的主要功能包括数据定义、数据操作、数据库的运行管理、数据组织、存储与管理、数据库的保护、数据库的维护和系统通信等。DBMS 需要完成数据收集、存储、处理、维护，对数据的安全性和完整性进行控制和检查、检索等一系列功能。

数据库管理系统的职能是有效地实现数据库三级模式之间的

转换，将用户意义下抽象的逻辑数据处理转换成计算机中可处理的物理数据。利用 DBMS 用户可以在抽象意义下处理数据，而无须顾及数据在计算机中的物理位置和布局。目前比较常用的数据库管理系统有 SQL Server、Oracle、MySQL 等，本书涉及的课题研究中主要采用 SQL Server 2008 作为数据库管理系统。

4.2.2　SQL Server 2008

SQL Server 是 Microsoft 公司推出的关系型数据库管理系统，具有使用方便、可伸缩性好、与其他软件集成高等优点。SQL Server 数据库拥有丰富前端管理工具和完善的开发工具，为关系型数据和结构化数据提供了安全可靠的存储功能，使用集成的商业智能（BI）工具提供企业级的数据管理，使开发人员可以构建和管理面向业务的高可用、高性能的数据应用程序。

SQL Server 2008 是 Microsoft 推出的功能丰富、全面的数据库平台。在 SQL Server 2008 中，数据库是表、视图、存储过程、触发器等数据库对象的集合，是数据库管理系统的核心。SQL Server 2008 的功能组件主要包括 Database Engine、Integration Services、Analysis Services、Reporting Services 等，分别用于数据存储、数据转化和集成、数据处理和数据输出（姜桂洪，2015）。

SQL Server 2008 可以将结构化、半结构化和非结构化文档的数据（如图片、音乐和视频等）直接存储到数据库中，用户可以访问存储于任何设备的数据，包括从桌面计算机到移动设备的数据（刘涛，2016）。SQL Server 2008 提供一系列丰富的服务集合来与数据进行交互，可以对数据进行搜索、查询、分析、报表、数据整合和同步之类的操作。SQL Server 2008 允许用户在基于 Microsoft. NET 和 Visual Studio 开发的应用程序及面向服务架构（SOA）中操作和使用数据。

4.3　系统与界面设计工具

4.3.1　系统设计工具 Office Visio

Microsoft Office Visio 是一款便于对系统、流程以及复杂信息进行可视化处理、分析和交流的图表绘制软件，它能够将难以理解的复杂文本、数字和表格转化为一目了然的图表。Office Visio 能创建具有专业外观的图表，促进用户对系统和流程的理解与记录，协助分析和传递复杂信息、数据、系统和流程。Office Visio 有助于组织和说明系统、流程和复杂设想的业务，显著提高工作效率。

Office Visio 的主要功能是制作各种专业图表，例如，系统框架图、程序流程图、网络拓扑图、数据分布图、组织规划图和线路图等，包含了众多相关组件。Office Visio 以直观、可视化的方式创建图表，提供各种形状、模板及改进的效果和主题，还提供协同编辑功能（郭新房等，2014）。

Office Visio 以可视化方式传递重要信息，用户能以可视化方式使用模板、拖放形状、实现自动连接等功能，使得创建 Visio 图表更加简单、快捷，令人印象更加深刻。利用图表动态性、数据实时性等特征增强用户交流与协作效果，辅助业务决策，例如，将形状链接到实时数据可以增强图表动态性与实时性。

图 4-2 和图 4-3 所示为 Visio 2013 的操作界面。

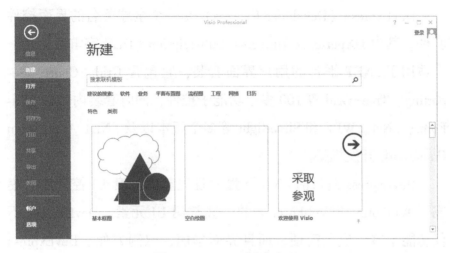

图 4-2　Visio 新建窗口

图 4-3　Visio 设计界面

4.3.2 界面设计工具 DevExpress

DevExpress（Developer Express）是一个全球著名的界面控件套件。其中 DXperience Universal Subscription（DEV 宇宙版）是一个适用于 .NET 平台的用户界面套装，它包含 Grid、Chart、Reporting、Tree-Grid 等 100 多个功能子控件，同时套装内包含 WinForm、.Net、WPF 和 Sliverlight 等多个版本以及 .NET Application Framework 开发框架。

DevExpress 是目前 .Net 下强大且完整的一套 UI 控件库，集成了 WinForm 和 WebForm 下的一些常用 UI 元素。DevExpress 不仅功能丰富、应用简便，而且界面华丽，定制方便。DevExpress 能够提供一系列 .Net 版本界面控件，利用它可以获得更高效的界面设计及更美观的效果。DevExpress 适用于各种桌面、Web 等应用程序开发，尤其是 WinForm 应用程序。DevExpress 具有高效率和高实用性等优点，拥有大量的示例和帮助文档，开发人员能够快速上手，适合于对程序界面和效率要求高的项目。如图 4-4 为基于 DevExpress 设计的窗体界面效果。

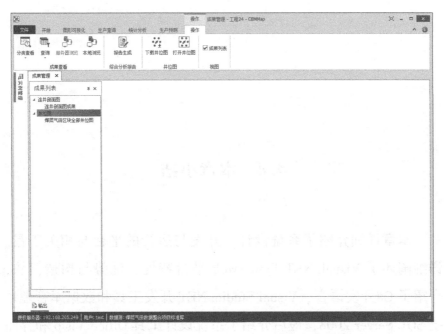

图 4-4　基于 DevExpress 设计的窗体界面效果

4.4　本章小结

本章详细介绍了系统设计、开发与运行的平台与相关工具。详细阐述了 Visual. NET Framework 平台特性、优势与构造模块，介绍了 C#开发语言、Visual Studio. NET 开发工具和数据库管理系统 SQL Server 2008，最后介绍了系统设计工具 Office Visio 和界面设计工具 DevExpress。通过本章的介绍，使读者了解系统的设计、开发平台与工具的特征与使用方法。

第 5 章

煤层气数据可视化与挖掘系统总体设计

　　本章详细介绍了煤层气可视化与数据挖掘系统的总体架构、功能结构、菜单及界面风格设计情况，该系统主要包括数据管理、图形可视化以及生产预测等功能，可以为煤层气田开发与管理提供技术支撑。

5.1　煤层气数据可视化与挖掘系统建设意义

　　煤层气田数据整合为生产工作者提供便捷的数据查询工具。煤层气田的生产动态数据量大、类别复杂。生产一线人员更多地集中在对这些数据的简单分析和记录，而这些数据所体现的开发规律往往需要更深入的研究才能得出，时间相对滞后，如何让一线的管理人员不仅了解煤层气田的开发状况，而且对开发的规律有更好的把握，从而能够更好地指导实际生产活动。因此，有必要研制一套数据管理系统，通过这套系统能够实时保存、管理这些数据，同时实时分析生产状况和开发规律，既为现场人员准确、科学进行煤层气田开发管理提供科学依据，还可以为研究人员开展精细全面的研究提供详细的基础资料和工具。

　　地质图件的可视化可以直观反映储层特征。利用数据快速、准确地生成各种构造井（斜井、水平井以及分支井）位图，并支持对沉积相图、小层平面图和各种地质参数等值线图的绘制，为深入地研究储层地质提供依据；运用地质统计学方法绘图，很好地满足工作人员对煤层气田地质研究的需求，直观反映储层特征以及沉积环境，为生产和挖潜开发提供指导依据。

数据挖掘与生产预测为煤层气田提供合理的开发方案和理论依据。针对煤层气田（井）生产日常分析和管理工作，提供数据统计等动态分析手段，使得现场工程师不仅可以实现气田海量生产数据快速统计与对比，还能根据研究需要灵活地进行气田深层次预测分析和成果共享，完成一系列动态分析，有效地提高煤层气田生产分析效率，从而掌握煤层气田生产规律。

通过煤层气数据可视化与挖掘系统的研究与开发，可以提供快速计算气田地质储量、可采储量与采收率、合理井距、气藏压力等功能，同时探索产气量、水侵量变化规律。还能够通过气井的高级递减分析，确定单井控制储量，反求地层参数、预测未来生产的变化趋势。

5.2　软件系统建设目标与功能需求

煤层气数据可视化与挖掘系统建设目标如下：

（1）根据调研结果分析煤层气田的数据体系和预测技术现状，以煤层气数据整合与井位预测为中心，充分挖掘和应用数据信息，完成数据的快速查询、统计分析，建立各类数据、地质图形的展示平台，完成数据测试。

（2）结合龟背图和渗流系数等值图确定新井的井位，根据测井、地震、地质、工程及已开发井的生产数据，进行设计新井的产量预测，找到影响产量的关键参数，通过神经网络方法获取关键参数与产量的相关性，对新井产量进行预测。

（3）结合递减曲线、Agarwal 两种气藏工程方法和煤层气的相关理论，建立已开发井的产量预测模型，进行产量预测和动态分析，为煤层气的开采提供理论依据。

煤层气数据可视化与挖掘系统的主要功能包括数据导入与查询、图形可视化、生产查询与生产预测。系统功能需要具备以下功能需求，在实际煤层气生产应用过程中解决用户遇到的问题。

（1）灵活的数据导入与查询功能，可以快速导入煤层气田的静态、动态数据，灵活编辑与查看。

（2）快速打开和查看地质图件，便于工程师们进行地质分析。

（3）快速的成图功能，根据煤层气田标准库的数据直接成图。

（4）准确的生产拟合和预测功能，提供井位预测和产量预测，为开发方案的制订和管网设计提供理论依据，为煤层气田未来开发方案奠定基础。

（5）提供完整的数据整合方案，对煤层气田的数据管理起到了关键性的作用。

5.3　数据可视化与挖掘系统总体架构设计

5.3.1　设计原则

在数据可视化与挖掘系统架构设计过程中，不仅需要考虑系统功能性需求，还要考虑非功能性要求，本系统设计遵循以下设计原则。

1）整体性

系统架构的各模块之间、各模块与整体之间是相互联系和相互作用的关系。在设计数据可视化与挖掘系统架构的过程中，要充分考虑整体性原则，充分协调各个模块与系统架构整体的关系，使系统架构在整体上发挥优良的性能。

2）层次性

系统架构采用分层设计，将系统架构中功能划分为数据整合与导入、异构数据图形可视化、数据查询与挖掘三大子系统，共计十个模块，在设计过程中要求不同层次的内部单元彼此紧密结合来实现模块与子系统功能，各层次之间尽可能减少彼此的依赖性，实现系统松散耦合。

3）规范性

在系统设计过程中，系统运行与管理遵循煤层气与计算机行业相关规范。系统中采用的专业功能、业务数据转换、接口、通信传输协议、编解码协议、媒体文件格式等符合国家标准、行业标准和技术规范，同时系统要求具备良好的兼容性和互联互通性。

4）可交互性

系统架构在设计上主要包括对系统图形用户界面的交互、对可视化效果的交互以及对数据挖掘的交互操作等。可交互的图形用户界面可以方便用户、引导用户去高效执行任务，为用户提供便利性与灵活性。可视化效果的交互使用户能按照自己的方式采用特定呈现方式表达。数据挖掘的交互可以有效地揭示数据中隐含的信息，使用户能深入挖掘隐藏在数据背后的知识和规律。

5）可扩展性

系统设计应具有一定的前瞻性，要充分考虑系统升级、扩容、完善和维护发展的需要，降低各个子系统与模块间的耦合度，以便于系统扩展。系统需要具备良好的输入/输出接口，为其他功能需求提供接口。

6）灵活易用性

系统提供统一的、可定制的人机交互界面风格，方便用户浏览和操作。系统使用操作要求简便、灵活、易用。系统维护与管理方便，部分业务能实现自动化处理。

7）安全可靠性

系统应能保证业务功能可靠、准确、高效，对于业务数据要求安全一致、高度可靠。对于数据库、系统、网络连接等应制定相应的安全策略和检查处理手段，以保障系统的安全性和可靠性。

5.3.2　系统总体架构设计

系统建设功能需求确定后，需要根据系统总体和局部功能逻辑关系对系统进行总体框架结构设计和功能模块划分。

系统中包含不同的功能模块，这些大小不一的模块之间可能存在包含、并列、交互等关系，例如，数据整合与管理子系统包含数据管理子模块；地质图可视化与异构图件可视化模块都隶属于异构数据图形可视化子系统；生产预测模块需要调用生产查询中的结果数据等。在系统总体架构设计过程中不仅需要考虑模块划分，还要进行模块之间的组织与层次结构设计、功能分配等。

如图 5-1 所示，煤层气数据可视化与挖掘系统分为数据整合与管理、异构数据图形可视化、数据查询与挖掘三大子系统，共分为数据整合与导入、数据管理、成果管理、地质图可视化、三维图形可视化、管网建模与分析、异构图件可视化、生产查询、统计分析和生产预测十大模块。

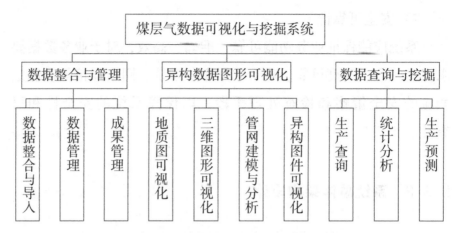

图 5-1　煤层气数据可视化与挖掘系统总体构架设计图

5.4　数据可视化与挖掘系统功能结构设计

在总体架构设计基础上，完成数据可视化与挖掘系统功能结构设计。数据可视化与挖掘系统中各功能模块之间的层次与逻辑关系如图 5-2 所示，功能结构设计图中描述了各模块要实现的具体功能。

系统依据模块的功能及实现方法进行划分，各模块之间要求相互独立，耦合度低，模块中相关算法要求具有很好的逻辑性和易读性。模块中的算法不与功能界面关联，需具备独立的输入/输出接口，防止由于功能界面的不当操作导致算法崩溃的现象。

图 5-2　数据可视化与挖掘系统功能结构设计图

5.4.1　数据整合与管理子系统

数据整合与管理子系统分为数据整合与导入、数据管理与成果管理三部分。主要操作流程如图 5-3 所示。

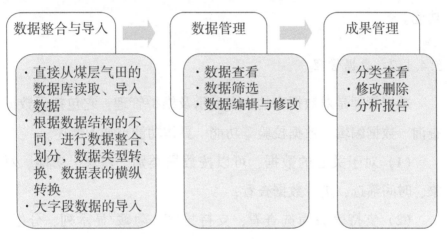

图 5-3　数据整合与管理操作流程

5.4.1.1　数据整合与导入

数据库的建立可以保证软件系统中源数据不受影响，另一方面可以整合不同类型数据（不同数据库类型、不同数据库结构、以及 Excel、Access 文件）到数据库中，从而保证多用户或多功能使用时，可以共用一套数据。同时在数据分析过程中对于数据的更新，可以随源数据更新功能自动更新到库中。

数据整合与导入模块，主要提供项目库构建、数据关联配置和数据导入执行等功能。在数据导入、存储和数据展示过程中，需要解析测井、地震、生产数据井轨迹等相关数据和文件。

数据导入以后需要根据数据结构的不同进行数据整合分析，数据整合分析部分具体功能包括权限管理、数据上传、数据展示与下载功能。其中，数据上传提供手动上传和自动上传两种模式；数据展示与下载功能中提供数据表分类显示、数据表展示、数据曲线展示、文本资料展示、信息检索、数据下载等功能。

5.4.1.2 数据管理

数据管理是对数据库的直观显示及维护管理，它包括了数据查询、数据编辑、数据校验等功能，具体功能点如下所述。

（1）对于关心的数据，可以按数据类别、模块、功能、对象、时间筛选，进行数据查看；

（2）支持表头筛选查看，支持排序、隐藏/显示列、分组、冻结列；

（3）可以查看以大字段存储数据；

（4）提供数据维护功能，支持数据修改、编辑，以及数据库回写；

（5）提供数据校验功能，支持自定义校验规则；

（6）提供数据计算功能，支持表内及表间字段计算，允许用户自定义计算规则。

5.4.1.3 成果管理

成果管理功能主要依据不同用户进行划分。对于管理员来说，可以针对用户上传权限进行授权，包括存储目录的读、写操

作，以及针对不同数据库的重新授权；对于一般用户来说，具有
成果上传、成果下载、成果查看、成果修改和成果树管理等
功能。

5.4.2　异构数据图形可视化子系统

可视化是将数据、信息和知识转换为图形图像等直观的表达
形式以提升人们认知水平的过程。它聚焦于信息的重要特征，是
一种能够使复杂信息快速且容易被人理解的手段。通过将数据、
信息和知识转化为可视化的表达形式，以提升人类感知和认知的
能力（洪文学等，2014）。

在异构数据图形可视化系统中，直接读取项目库数据或者界
面粘贴数据；快速生产各类地质图件、三维图形、Petrel 导出的
地质模型，读取 AutoCAD 格式与 SEG-Y 格式的地震数据；同时
还提供管网建模与管网模拟功能。

5.4.2.1　地质图件可视化

地质图件可视化利用数据快速准确地生成各种构造井位图、
地质参数等值线图等，为深入地研究储层地质提供依据。基于静
态数据高效快捷地生成连井剖面图、测井曲线图等；通过读取
CAD 格式地质图件和 SEG-Y 格式的地震数据实现异构图件可视
化。运用准确的地质统计学方法绘图，辅以人工干预，很好地满
足研究人员对煤层气田地质研究的需求，直观反映储层特征，为
煤层气生产、挖潜开发提供指导依据。

针对用户存储的数据，开发地质图件可视化，提供测井曲线、地震剖面、生产曲线和 3D 等值线等功能。

5.4.2.2　三维图形可视化

三维图形可视化模块能够生成三维井轨迹图、三维等值线图等，更直观地展示单井及煤层气田储层和煤层气的空间分布情况；通过对储层地质特征的分析与研究，总结煤层气分布规律；解析并再现 Petrel 导出的三维地质模型。

5.4.2.3　管网建模和管网分析

基于已有的单井、站点、管线和设备等数据，将煤层气田现场的集输管网进行数字化建模，建立接近实际现状的管网模型；采用数据加载、界面设计、图件管理及数据表输入等多种手段，并通过同步更新来实现现场数据与模型的统一。

5.4.3　数据查询与挖掘子系统

数据查询与挖掘子系统分为生产查询、统计分析、生产预测三个主要模块。

5.4.3.1　生产查询

生产查询模块主要包括生产曲线、分类统计、单元分析三部分功能。该模块针对煤层气田生产动态分析和日常管理研究工作，提供生产数据实时展示的手段，使得现场工程师不仅可以对海量数据进行快速查询检索，还能结合地质特征对生产状况进行分析与观测，有效地提高煤层气田生产分析的效率，辅助获取煤层气生产规律。

5.4.3.2　统计分析

统计分析模块能够灵活选择分级指标、分级级别、颜色、组成图类型，直观而准确地反映单元指标规律。系统将按日、月、年等时间单位提供产气量、产水量、平均生产时间等参数的分级统计结果并提供柱状图、直方图、饼图等结果示例图。

5.4.3.3　生产预测

生产预测模块包括井位优化、新井产量预测、老井产量预测等功能。

井位优化提供合理井距的计算方法，通过合理井距计算，评价当前井网合理程度。利用计算井网井距的常用方法进行计算，例如，单井合理控制储量法、经济极限法、规定单井产能法、合理采气速度法以及储量丰度法。新井产量预测是根据结合以上测井、地震、地质、工程及已开发井的生产数据，进行新井的产量预测。通过找到影响产量的关键参数，基于神经网络获取关键参数与产量的相关性，对新井产量进行预测。老井产量预测提供符合煤层气田产量变化规律的产量递减模型，主要包括 Arps 递减曲线、预测模型法、Agarwal 方法等。

5.5　系统工作流程图设计

5.5.1　数据整合流程

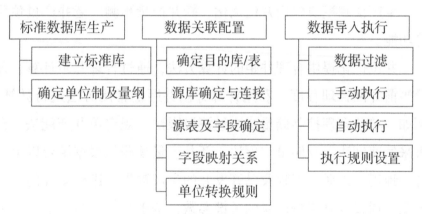

图5-4　数据整合流程图

5.5.2 图形可视化

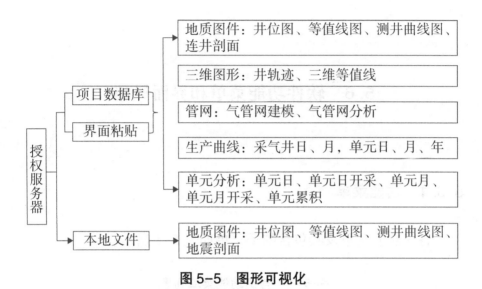

图 5-5 图形可视化

5.5.3 生产预测

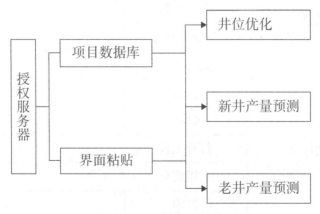

图 5-6 生产预测功能图

5.6　软件功能菜单和界面风格

5.6.1　功能菜单

各级功能菜单及其包含的子菜单如表 5-1 所示：

表 5-1　各级功能菜单列表

一级菜单（顶级菜单）	二级菜单（group）	三级菜单（功能等）
文件	新建工程	
	保存工程	
	工程另存为	
	关闭工程	
文件	授权	
	数据源	
	打开工程	
	工程信息	
	打印	

续表

一级菜单（顶级菜单）	二级菜单（group）	三级菜单（功能等）
文件	帮助	
	选项	
	退出	
开始	实例	打开
		保存
		另存为
	数据管理	数据导入
		查看与编辑
	成果管理	成果管理
	视图	实例管理
		运行日志
图形可视化	地质图件	异构图形
		井位图
		等值线图
		测井曲线图
		连井剖面图
	三维图形	井轨迹
图形可视化	三维图形	三维等值线
	地震剖面	地震剖面
	三维地质模型	三维地质模型
	管网	气管网建模
		气管网分析

一级菜单（顶级菜单）	二级菜单（group）	三级菜单（功能等）
生产查询	生产曲线	采气井日
		采气井月
		单元日
		单元月
		单元年
	单元分析	单元日
		单元日开采
		单元月
		单元月开采
		单元累积
统计分析	统计分析	采气井分级统计
		采气井日分级统计
		采气井日综合统计
		采气井月分级统计
		采气井月综合统计
生产预测	新井井位预测	合理井距计算
		井位预测
生产预测	新井产量预测	新井产量预测
	老井产量预测	Blasingame
		预测模型法
		Arps 递减

5.6.2　界面风格

用户界面设计如图 5-7 所示。

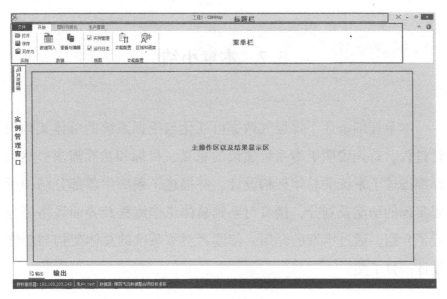

图 5-7　用户界面风格

5.7　本章小结

本章详细描述了煤层气数据可视化与挖掘系统的总体架构设计过程。首先说明了本系统建设的意义、目标和功能需求；然后详细描述了系统的总体架构设计，并描述了系统中各部分结构所要实现的功能及划分，接着对系统总体工作流程及界面风格等进行了介绍。通过本章的介绍，使读者对本系统的总体架构与功能设计一目了然。

第 6 章

煤层气数据可视化与挖掘系统数据库设计

数据库是长期存储在计算机内的有组织、可共享的数据集合，是计算机应用系统的核心和基础。数据库设计是指根据用户的需求，在特定数据库管理系统上设计并优化数据库逻辑模式和物理结构，建立数据库及其应用系统的过程。通过数据库设计使数据库能有效地管理和存储大量数据，满足用户的信息管理和应用功能需求，为用户和应用系统提供一个存取效率高、空间利用率高、系统运行管理效率高的信息基础设施和高效的运行环境（杨冬青，2008）。数据库设计的好坏直接影响着整个信息系统的效率和运行结果。

6.1 数据库设计需求分析

在调查分析煤层气田的数据体系和预测技术现状过程中，以煤层气数据整合与井位预测为中心，通过充分挖掘和应用数据信息，从而完成数据的整合、快速查询、统计分析，建立各类数据、地质图形的可视化平台，针对新井进行产量预测，针对已开发井建立产量预测模型，并进行产量预测和动态分析，为煤层气的开采提供技术支撑。

6.1.1 煤层气数据概况

煤层气田数据整合与管理旨在为生产者提供高效、便捷的数据应用工具。煤层气田生产过程中涉及了大量的静态数据和动态数据，数据类别复杂多样。其中，静态数据主要包括：测井曲线数据、试井数据、采样数据、采样日报、钻井数据、综合解释结果、煤层气井日报数据等。生产一线人员更多地集中在对这些数据进行简单分析和记录，而这些数据所隐含的开发规律往往需要深入的研究才能得出，时间相对滞后。为了让一线的管理人员准确掌握煤层气田的开发状况，对开发规律有更好的把握，因此需要构建全面、准确、丰富的数据库，依据这些数据能够实时分析生产状况和开发规律，为现场人员准确、科学地进行煤层气田开发提供基础资料和手段。

6.1.2 信息需求分析

煤层气数据整合与管理需求分析的目标是准确了解系统的应用环境，分析用户对数据及数据处理的需求，是整个数据库设计过程中最重要的步骤之一，也是信息系统建设的重要基础。在信息需求分析阶段，要求从各方面对整个组织及其业务流程中涉及的信息进行调研，收集和分析各项应用、处理和过程对信息的需求。

116

6.1.2.1　信息需求

信息需求主要是需要明确用户从数据库中获得信息的内容与性质。根据甲方数据资料的来源、格式等信息构建数据库结构。根据需要设置数据库表关系等，构建煤层气田、区块、层位、井等对象关系。对于可以入库的文件（如井轨迹、测井曲线等）考虑采取大字段的方式存储和解析。对于不适合数据库存储的数据文件等，考虑采用其他方法存储与访问，使得用户组访问、查询、浏览时与数据库读取没有太多操作上的差异。

信息需求主要如下所述：

（1）数据格式与字段分析。根据查询与展示的需求设置数据库表关系、关键字信息、大字段的存储等，构建基础数据库结构并测试。

（2）提供数据导入。将用户的对象信息、测井数据、地震数据、图件数据、生产数据导入到建立好的数据库中并以索引的形式储存起来。

（3）数据格式的解析，主要包括测井数据、地震数据、图形文件、生产数据、井轨迹数据的解析。

6.1.2.2　处理需求

用户要求软件系统实现查询与数据挖掘、可视化等功能，并满足对系统处理完成功能的时间、处理方式的要求。

煤层气数据可视化与挖掘系统中的数据查询是在数据库基础上，根据属性与对象分类进行的数据查询与分析。系统能够根据

117

客户需求定制数据的统计分析，并提供数据校验功能，实现基于数据库的统计、分析。数据成图展示主要包括测井曲线数据的展示及模板定制、地震数据的复现以及地质图件的重绘等。

6.2　数据库概念结构设计

概念设计阶段的目标是把需求分析阶段得到的用户需求抽象为数据库的概念结构，即概念模式。本节中的概念结构设计采用了混合策略的方法，即自顶向下和自底向上相结合的方法。用自顶向下策略设计一个全局概念结构的框架，以它为骨架集成由自底向上策略中设计的各局部概念结构（刘亚军，2007）。

设计关系型数据库的过程中，描述概念结构的主要工具是 E-R 图，即实体—关系图。概念结构设计中分为局部 E-R 图和总体 E-R 图，其中总体 E-R 图由局部 E-R 图组成，设计时先从局部 E-R 图开始设计，以减小设计的复杂度，可能根据需要进行多次局部综合，最后形成总体 E-R 图。

局部 E-R 图的设计从数据流图出发确定数据流图中的实体 E（Entity）和相关属性，并根据数据流图中表示的对数据的处理，确定实体之间的联系 R（Relationship）。在 E-R 图中，用矩形表示实体型，矩形框内写明实体名；用椭圆形表示属性，并用无向边将其与相应的实体连接起来；用菱形表示联系，联系的名字通常使用动词或动词短语，菱形内写明联系名，并用无向边分别与有关实体连接

119

起来，同时在无向边旁标上联系的类型。联系分为一对一（1:1）联系、一对多（1:N）联系、多对多（M:N）联系。

下面以煤层气数据可视化与挖掘系统中的开发井数据管理部分对象为例，介绍系统数据库中的概念结构设计方法。

6.2.1　局部 E-R 图

图 6-1~图 6-6 分别为开发井数据管理功能中涉及的开发井、井位、开发单元、开发层系、管网管线监测点和管理单位对象的局部 E-R 图。开发井实体包含井 ID、隶属管理单元 ID、隶属地质单元 ID 等属性，井位实体包含井 ID、井号名称、井口坐标等属性，开发单元实体包含地质单元标准名称、地质单元 ID、地质单元代码等属性，开发层系实体包括地层标准名称、地层 ID、地层代码等属性，官网管线监测点实体包括管网 ID、监测点序号、检测日期等属性，管理单位实体包括管理单位 ID、标准名称、管理单位代码等属性。

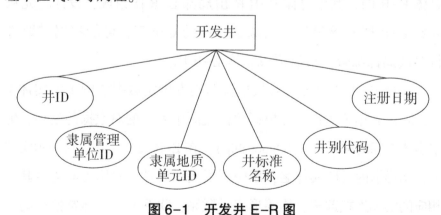

图 6-1　开发井 E-R 图

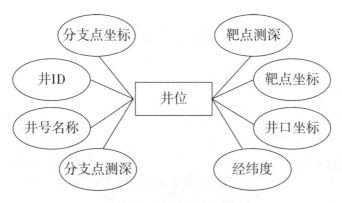

图 6-2 井位 E-R 图

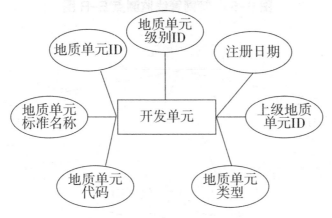

图 6-3 开发单元 E-R 图

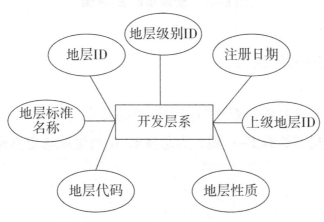

图 6-4 开发层系 E-R 图

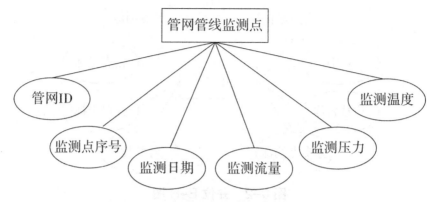

图 6-5　管网管线监测点 E-R 图

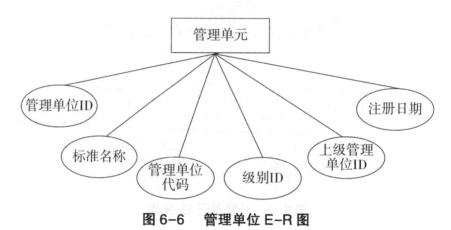

图 6-6　管理单位 E-R 图

6.2.2　E-R 图综合

针对开发井数据管理功能中涉及的几个局部 E-R 图进行合成，形成局部综合 E-R 图，为总体 E-R 图生成奠定基础，如图6-7 所示。

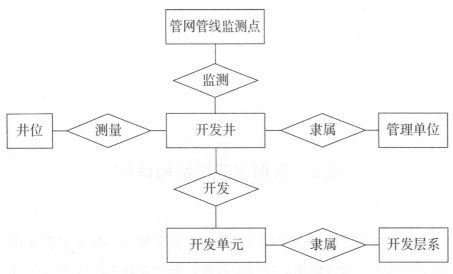

图 6-7　局部综合 E-R 图

　　在该局部综合 E-R 图中，开发井、井位、管网管线监测点、管理单位、开发单元、开发层系均是实体，每个实体包含多个属性。由图 6-7 可以看出，通过关系隶属将实体开发井和管理单元联系起来，通过关系开发将实体开发井和开发单元联系起来，通过关系监测将实体开发井和管网管线监测点联系起来。

6.3　数据库逻辑结构设计

逻辑结构设计是将现实世界的概念数据模型转换成数据库中的逻辑模式，即适应于某种特定数据库管理系统 DBMS 所支持的逻辑数据模式，进而还需为各种数据处理应用建立相应的逻辑子模式。逻辑结构设计的结果就是逻辑数据库。

逻辑结构设计主要包括三部分，即概念结构向关系模型的转换，关系模型的优化以及设计用户子模式。E-R 图到关系模式的映射是直接的，在数据库的逻辑设计中，通常都是将实体映射成关系，实体的描述属性映射成关系的属性，而联系也可以单独映射成关系，或者与一个实体合并成一个关系（崔巍，2009）。

6.3.1　概念结构向关系模型的转换

概念结构向关系模型的转换需要基于以下原则和方法。

（1）每个实体都有表（关系）与之对应，实体的属性转换成表的属性，实体的主键转换成表的主键；

（2）联系的转换。E-R 图中的每一个联系映射为一个关系。

　　以煤层气数据可视化与挖掘系统中一个具有简单属性的独立实体——开发井为例描述概念结构向关系模型的转换方法，将图 6-1 中的实体映射为一个关系。映射时将实体中的每一个属性直接映射为关系中的属性，得到如下关系模式。

　　开发井（井 ID，井标准名称，井别代码，隶属地质单元 ID，隶属管理单位 ID，注册日期）。其中主键为井 ID。

　　E-R 图向关系模型的转换遵循一定的映射规则，选取 E-R 图 6-7 为例实现概念结构向关系模型的转换，建立以下关系模式。

　　开发井（井 ID，井标准名称，井别代码，隶属地质单元 ID，隶属管理单位 ID，注册日期）；主键：井 ID。

　　管理单位（管理单位 ID，注册日期，单位级别 ID，标准名称）；主键：管理单位 ID。

　　开发单元（地质单元 ID，地质单元标准名称，地质单元代码，地质单元级别 ID，上级地质单元 ID，地质单元类型，注册日期）；主键：地质单元 ID。

　　开发层系（地层 ID，地层标准名称，地层代码，地层级别 ID，上级地层 ID，地层性质，注册日期）；主键：地层 ID。

　　管网管线监测点数据（管网 ID，监测点序号，监测日期，监测流量，监测压力，监测温度）；主键：管网 ID，监测点序号，监测日期。

　　井位数据（井 ID，井号名称，分支点测深，分支点坐标，靶点测深，靶点坐标，井口坐标，经纬度）；主键：井 ID。

　　隶属（井 ID，管理单位 ID）。

监测（井 ID，管网 ID，监测点序号，监测日期）。

开发（井 ID，地质单元 ID）。

监测（井 ID，管网 ID，监测点序号，监测日期）。

6.3.2 关系模型的优化

利用映射规则将 E–R 图映射为关系模型后，适当地调整关系模型结构，使关系模型得到优化来进一步提高数据库应用的性能。关系数据模型的优化通常以关系数据库规范化理论为指导。

关系模型优化需要首先确定每个关系模式内部各个属性之间的数据依赖以及不同关系模式属性之间的数据依赖。对各个关系模式之间的数据依赖进行最小化处理，消除冗余的联系。确定各关系模式所属范式等级。根据需求分析阶段获得的处理要求，确定要对哪些关系模式进行合并或分解。为了提高数据操作的效率和存储空间的利用率，对上述产生的关系模式进行适当地修改、调整和重构，以达到优化目的（王海涛，2010）。

6.4　数据库物理结构设计

6.4.1　物理结构设计方法

数据库物理设计的目的就是为给定的数据逻辑模型选择一个最合适的物理结构。根据数据库管理系统所提供的多种存储结构和存取方法等，为具体的应用选定最合适的物理存储结构（包括索引结构、文件类型和数据的存放次序等）、存取方法和存取路径等（何玉洁，2003）。

数据库物理设计的内容包括确定关系、簇集设计、索引的选择以及日志、备份等的存储安排和存储结构，确定系统配置等。这些因素对系统的性能有直接关系。

6.4.2　物理库结构的构建

6.4.2.1　数据库物理结构设计原则

数据库物理结构设计原则主要遵循以下几点：

（1）能够满足所需保存煤层气数据的需要，且结构精炼合理，数据存储做到最小冗余；

（2）通过对象 ID 确定对象的唯一性；

（3）对象 ID 自动生成，无需提前定义；

（4）采用父子树结构确定对象间的隶属关系；

（5）易于数据库的扩充与升级；

（6）大数据量数据、地震数据等不直接存入数据库，而是保存索引；

（7）数据表中含有数据单位信息；

（8）考虑数据服务需求，即为其他系统模块提供数据支持的需求。

6.4.2.2 数据库表设计

在煤层气数据可视化与挖掘系统中，信息的组织按照面向对象思想进行抽象，同时具有属性的特征。在数据库概念结构、逻辑结构设计基础上，设计并构建数据库表格，下面以部分数据表设计成果为例进行介绍。

以下表6-1~图6-6分别为开发井基础信息表、井位数据表、开发单元基础信息表、组织管理单位基本信息表、开发层系基础信息表和管网管线监测点数据表，分别从属性名称、类型、长度和语义方面进行了详细说明。

表 6-1　开发井基础信息表

属性中文名称	属性名	类型	长度	说　明
井 ID	WELL_ ID	CHAR	10	用来表征井的唯一性
井标准名称	WELL_ NAME	CHAR	20	填写井的标准名称
隶属地质单元 ID	GEO _ UNIT _ ID	CHAR	10	填写该井所隶属的地质单元 ID
隶属管理单位 ID	DM_ UNIT_ ID	CHAR	10	填写该井所隶属的管理单元 ID
简称	WELL_ ALIAS	CHAR	20	填写该井的别名，别名没有时间概念
采气方式代码	PMC	CHAR	10	填写采气井的采出方式代码，可参考采气方式代码表
井别代码	WELL_ CC	CHAR	8	主要描述井类别：开发井、水井、气井
更新日期	UP_ DATE	DATE		填写该井当前信息更新日期，一般系统默认，无需填写
注册日期	REGI_ DATE	DATE		填写该井的注册日期，一般系统默认，无需填写
备注	REMARK	CHAR	30	填写需要补充说明的内容

表 6-2　井位数据表

属性中文名称	属性名	类型	长度	说　明
井 ID	WELL_ ID	CHAR	10	井 ID 标识，非限定唯一，范围内唯一
井号名称	WELL_ NAME	CHAR	20	井名称，填写钻完井报告中的井号
井筒 ID	WB_ ID	CHAR	10	井筒标识，多井底时填写各井筒名称
井口坐标 X	WHEAD_ X	float		井口大地 X 方向坐标
井口坐标 Y	WHEAD_ Y	float		井口大地 Y 方向坐标
分支点测深	BRANCH _ POINT_ MD	float		多井底时填写对应井筒 ID 侧钻点的测量深度
分支点坐标 X	BRANCH _ POINT_ X	float		多井底时填写对应井筒 ID 侧钻点的 X 方向坐标
分支点坐标 Y	BRANCH _ POINT_ Y	float		多井底时填写对应井筒 ID 侧钻时的 Y 方向坐标
靶点测深	TARGET_ MD	float		多井底时填写对应井筒 ID 侧井底的测量深度
靶点坐标 X	TARGET_ X	float		多井底时填写对应井筒 ID 侧钻点的 X 方向坐标

属性中文名称	属性名	类型	长度	说　明
靶点坐标 Y	TARGET_ Y	float		多井底时填写对应井筒 ID 侧钻时的 Y 方向坐标
坐标类型	COORD_ TYPE	char	2	大地坐标，经纬坐标
井口经度	WHEAD_ LONGITUDE	float		井口经度
井口纬度	WHEAD_ LATITUDE	float		井口纬度
靶点经度	TARGET_ LONGITUDE	float		靶点经度
靶点纬度	TARGET_ LATITUDE	float		靶点纬度
分支点经度	BRANCH_ POINT_ LONGITUDE	float		分支点经度
分支点纬度	BRANCH_ POINT_ LATITUDE	float		分支点纬度
备注	REMARK	char	30	填写需要补充说明的内容

表6-3 组织管理单位基本信息表

属性中文名称	属性名	类型	长度	说　明
管理单位标准名称	DM ＿ UNIT ＿ NAME	char	20	填写管理单位标准名称
管理单位简称	DM ＿ UNIT ＿ ALIAS	char	10	填写管理单位简称
管理单位代码	DM ＿ UNIT ＿ CODE	char	10	填写管理单位代码
管理单位ID	DM＿ UNIT＿ ID	char	10	填写管理单位ID，自动生成
管理单位级别ID	LEVEL＿ ID	char	10	填写管理单位级别ID
上级管理单位ID	PARENT ＿ DM ＿ UNIT＿ ID	char	10	填写上级管理单位ID，用来表征管理单位间的隶属关系
更新日期	UP＿ DATE	date		填写该管理单位当前信息更新日期，一般系统默认，无需填写
注册日期	REGI＿ DATE	date		填写该管理单位注册日期，一般系统默认，无需填写
备注	REMARK	char	30	填写需要补充说明的内容

表 6-4　　开发单元基础信息表

属性中文名称	属性名	类型	长度	说　明
地质单元标准名称	GEO_UNIT_NAME	char	20	填写地质单元标准名称
地质单元简称	GEO_UNIT_ALIAS	char	10	填写地质单元简称
地质单元代码	GEO_UNIT_CODE	char	10	填写地质单元代码
地质单元 ID	GEO_UNIT_ID	char	10	填写地质单元 ID，自动生成
地质单元级别 ID	LEVEL_ID	char	10	填写地质单元级别 ID
上级地质单元 ID	PARENT_GEO_UNIT_ID	char	10	填写上级地质单元 ID，用来表征地质单元间的隶属关系
地质单元类型	GEO_UNIT_TYPE	char	10	填写气藏类型
更新日期	UP_DATE	date		填写该地质单元当前信息更新日期，一般系统默认，无需填写
注册日期	REGI_DATE	date		填写该地质单元注册日期，一般系统默认，无需填写
备注	REMARK	char	30	填写需要补充说明的内容

表 6-5　　开发层系基础信息表

属性中文名称	属性名	类型	长度	说　明
地层标准名称	L_ NAME	char	20	填写层位标准名称
地层简称	L_ ALIAS	char	10	填写层位简称
地层代码	L_ CODE	char	10	填写层位代码
地层 ID	L_ ID	char	10	
地层级别 ID	LEVEL_ ID	char	10	
层序	SNUM	char	10	填写层序
上级地层 ID	PARENT_ L_ ID	char	10	
地层性质	L_ PROPERTY	char	20	用来标识层系性质（地层，水层，致密层等）
更新日期	UP_ DATE	date		填写更新日期
注册日期	REGI_ DATE	date		填写注册日期
备注	REMARK	char	30	填写需要补充说明的内容

表 6-6　　管网管线监测点数据表

属性中文名称	属性名	类型	长度	说　明
管网 ID	PN_ ID	char	10	
监测点序号	NODE_ ID	char	10	
监测日期	MONI_ DATE	date		
监测流量	MONI_ FLOW	float		

属性中文名称	属性名	类型	长度	说　明
监测压力	MONI_ PRE	float		
监测温度	MONI_ TEM	float		

根据数据资源的总体情况，数据主要包括对象信息、煤层气田地质数据、测井数据、地震资料、生产数据以及地质图件等类别，其中每类数据又可以进行细分。

（1）对象信息

序号	数　据
1	地质单元基础信息
2	地质单元关联信息
3	组织机构
4	组织机构联系信息
5	地层基础信息
6	层位基础信息
7	层位结构
8	井基础信息
9	井筒基础信息
10	完井层段基础信息
11	井况变更记录
12	井要事记录
13	井筒地层信息
14	井筒层位信息

（2）煤层气田地质数据

序号	数据
1	分层方案
2	构造要素
3	断层基础数据
4	储层信息
5	储层数据
6	圈闭构造解释数据
7	单元开发基础数据
8	气藏流体性质
9	小层评价数据
10	沉积岩数据
11	构造基础数据
12	断点基础数据
13	井间连通关系数据
14	岩心数据
15	PVT 数据

（3）测井数据

序号	数据
1	测井采集基础数据
2	测井项目信息

续表

序号	数　　　据
3	测井井段信息
4	测井系列
5	测井解释
6	测井解释成果

（4）地震数据

序号	数　　　据
1	二维或者三维地震数据（SEG-Y）格式

（5）图件

序号	图　　　件
1	目标区地质构造图
2	目标区井位图
3	目标区沉积相图
4	目标区各类地质特征等值线图
5	目标区剖面图

6.4.2.3　数据库格式、编码与数据存储方案

针对所需建立的数据表并结合用户数据的具体情况，参考数据库设计原则，即可确定每张数据表的字段。对于每个字段，数据库中都将进行字段属性的描述，如表 6-7 所示。

表 6-7　属性描述

属　　性	属性说明
库表名称	界面显示的数据表名称
库字段名称	数据库中数据表名称
本地字段名称	界面显示的参数名称
库字段名称	数据库库表中的字段名称
主键	确定数据的唯一性
聚族索引	决定界面显示数据的排序方式
是否允许空值	决定该字段是否允许为空
字段类型	确定参数的数据类型
字段宽度	确定参数的数据宽度
小数位数	确定参数小数点后保存的位数
值约束	可起到一定的数据校验作用
单位类型	确定单位制的类型
单位名称	确定单位名称
是否显示	决定在界面上是否显示该参数项
字段说明	描述字段的含义及填写规范

　　数据编码具有一定的标准，地质单元、地层、层位、井、文档号、井型等都属于数据编码的范畴，没有统一、一贯的数据编码就没有信息的统一管理。标准化属于基础工作，在工作中容易出现以下两个问题：一是顾及已有的部分不合理的信息；二是只注重数据库内容本身，没有充分认识到用户和数据库之间的桥梁——软件系统才是用户使用数据库的界面。

上传数据同样要求具有统一的标准，统一的数据标准是确保入库数据质量的第一步。没有统一的标准即使拥有再好的采集工具和规范的管理制度都无法杜绝不良数据进库。数据标准包含数据内容、数据格式、数据单位、特殊情况处理。

本系统数据存储方案主要针对地学数据和煤层气生产数据，既有常规存储方案的共有特性，又有独特的地方。需要存储的数据主要包括煤层气田地质基础数据、测井数据、地震数据、地质图件、生产数据、实验数据等。在数据存储过程中需要充分满足用户对存储设备性能、功能的要求；存储系统设计需要适应用户现有计算机系统硬件环境要求；满足数据的安全性和系统的高可靠性保证；满足系统的高性能处理需求以及系统的可扩展性需要。

系统历史数据量大、格式多样、内容丰富，为了确保录入的数据全面、准确、合理，需要有清晰的数据整理和录入思路。首先，将历史数据进行归类；其次，对每类历史数据进行格式统计，再按照格式进行分类；考虑按照分类后的每种格式能否进行软件自动解析，若可以自动解析，则直接批量导入同类的文件格式即可；若不可以自动解析，需要确定一种中间格式，再将其批量导入到数据库中；最后，数据导入后需要核实，查看是否有冗余或异常数据。

根据用户提供的不同数据类型（包括 Excel、Access 等），进行数据关联并导入到项目库（数据物理库）中。数据录入流程如图 6-8 所示。

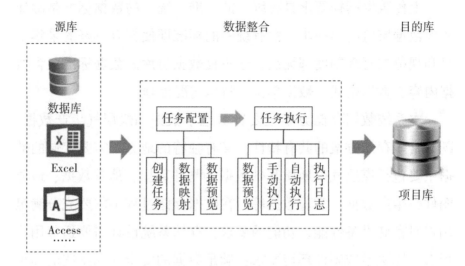

图 6-8 数据录入流程图

6.5　数据库软硬件环境设计

数据库基于 SQL Server 2008 进行构建，其运行在数据库服务器上，煤层气数据可视化与挖掘系统在客户端使用和编辑数据库服务器上的数据。

数据库服务器配置为 CPU 为 Intel（R）Core（TM）i5-3470 @ 3.20GHz，内存 8GB，硬盘 2T。数据库服务器操作系统采用 Windows Server 2008 R2 服务器版，数据库管理系统采用 SQL Server 2008 R2。

6.6　本章小结

　　本章详细描述了系统数据库的设计过程和方法，主要包括五个阶段，即数据库设计需求分析、数据库概念结构设计、逻辑结构设计、物理结构设计和数据库软硬件环境设计。首先介绍了系统数据库设计的需求分析；在数据库的概念设计阶段，将需求分析得到的用户需求抽象为独立于 DBMS 的概念模型，并用 E-R 模型进行建模；在系统数据库逻辑结构设计阶段，详细描述了从 E-R 图到关系模型的映射、关系模型的优化以及用户子模式设计内容；在系统数据物理结构设计阶段，重点阐述了数据库的物理结构构建方法以及数据库存储方案；最后介绍了数据库的软硬件设计环境。

第 7 章

煤层气数据可视化与挖掘系统功能模块详细设计与实现

　　煤层气数据可视化与挖掘系统分为数据整合与管理、异构数据图形可视化、数据查询与挖掘三大子系统，包括数据整合与管理、数据管理、成果管理、地质图可视化、三维图形可视化、异构图件可视化、管网建模与分析、生产查询、统计分析和生产预测十大模块。本章选取具有代表性的数据整合与管理模块、图形可视化模块、生产查询模块和生产预测模块作为典型案例，详细描述各个功能模块设计过程及核心算法实现。

7.1　数据整合与管理功能模块详细设计与实现

　　数据整合与管理模块是系统中负责数据处理的重要部分。由于煤层气田生产数据量大、类别复杂，在数据库的选择中我们使用 SQL Server 2008 作为数据库平台进行数据的储存与管理，并设计了煤层气数据可视化与挖掘系统与数据库之间的整合接口，方便研究人员导入及管理数据，以实现用户、数据库和服务器之间的有效串联，达到数据整合与管理的目的。

7.1.1 数据整合与管理功能设计

数据整合与管理主要包括以下功能：

（1）从数据库或文件库导入数据到煤层气数据可视化与挖掘系统中，使得用户可以访问该系统的各个子功能模块；

（2）建立本地数据库，从系统服务器上下载数据库子集，设计统一的数据下载接口，提供给系统的各个子功能模块使用；

（3）设计能够支持各种不同类型的标准数据库导入功能的接口，实现用户间、数据库间和服务器间的数据共享；

（4）对现有数据库中进行数据更新和维护，对新建数据库进行数据的输入和补充。

7.1.2 数据整合与管理处理流程设计

7.1.2.1 数据整合算法流程

在设计数据整合功能时，开发人员首先定义了验证配置规则，该功能模块所有的操作都是在该配置规则下运行的，然后对数据源与数据目进行链接操作，使得系统可以对数据执行转换或者影射操作，操作完成后得到生成目标的数据集合，将数据集合插入到数据线程中，最后进行数据入库。

数据整合算法流程如图 7-1 所示。

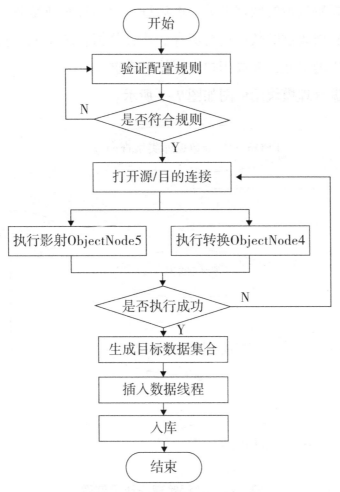

图 7-1　数据整合流程图

7.1.2.2　数据管理算法流程

数据管理功能实现对数据库的查看、编辑、检查与计算等功能，完成用户对项目数据库的操作。数据管理过程中，用户依据自身的数据使用需求，进行相应的数据查看、数据编辑和保存等功能。首先，用户打开数据库并通过选择或搜索功能进行数据过

147

滤，选择感兴趣的数据部分，然后进行数据查看或编辑，在必要时对编辑修改过的数据进行保存。通过数据管理功能，实现系统与数据库的交互，完成用户数据使用需求。

数据管理模块用例图如图7-2所示。

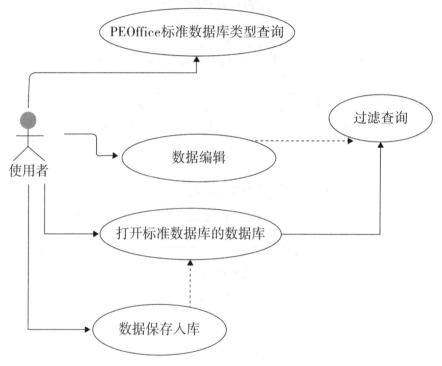

图7-2 数据管理模块用例图

在设计数据管理功能时，开发人员首先设置了用户进入权限，成功验证用户名及密码后，方可进入数据库查看数据。用户进入数据库后，根据设置的数据类别及筛选条件，可以查看相关的数据，并对相应的数据进行修改和校验操作，操作完成后，用户可以对数据库表进行管理操作。数据管理流程图如图7-3所示。

148

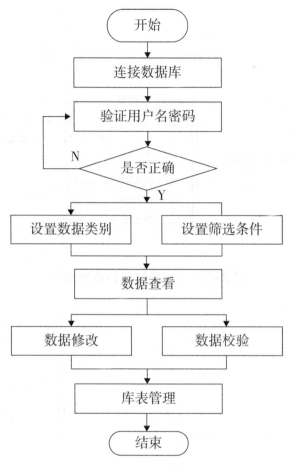

图 7-3　数据管理流程图

　　数据管理模块功能时序如图 7-4 与图 7-5 所示。其中图 7-4 为打开数据库数据表功能时序，图 7-5 为数据表修改与保存数据功能时序。

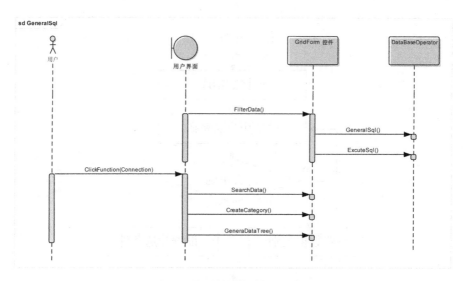

图 7-4 数据表打开功能时序图

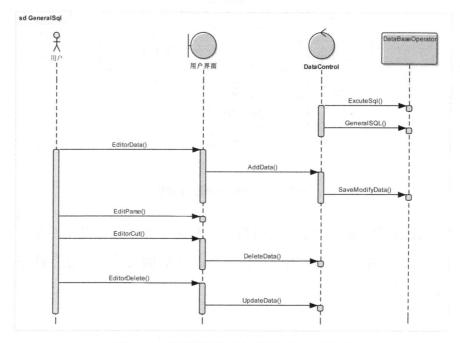

图 7-5 数据表修改与保存功能时序图

7.1.3　接口设计

7.1.3.1　数据库访问接口

开发人员可以通过数据库访问接口实现数据整合功能，从而导入本地系统所需要的数据，获得这些数据的最新状态。利用整合功能可以使外部系统方便地和系统中的数据保持一致。数据库访问接口 IDataOperator 定义如下所示。

```
public interface IDataOperator
{
    /// <summary>
    ///
    /// <summary>
TableEx Tab//定义标签
{
  get;

}
FilterConditionFilterCond//定义过滤条件
{
  get;

}
string WhereString//定义字符串地址
```

```
    {

      get;

      set;

    }

    string AllSql//定义数据库

    {

      get;

    }

    List<string>FieldList//定义变量列表

    {

      get;

    }

    boolSaveDataUpdate （DataTabledt，List ＜ UnitManager ＞ UMs ＝ null，
boolIslog＝true）；
```

//存储数据更新

```
    DataTableGetDataFromDB （inttoprow ＝ 0，intpagesize ＝ 10000，intcur-
rentpage ＝ 1，bool Islog ＝ true）；
```

//从数据库中读取数据

```
    boolSetDataTableCum （List ＜ ComputeFieldPropperty ＞ CumFields，Back-
groundWorkerbackgroundWorker）；
```

//设置数据表

```
    intGetDataCount （string sql＝null）；//读取数据数量

    string GetWhereSql （CriteriaOperatorFilterOperator）；//读取数据库地址

    string GetWholeConditionString （）；//读取所有环境变量

    }
```

7.1.3.2　GridControl 接口

在数据管理模块中设计了一个链接到 GridControl 控件的接口，该控件相当于一个数据网格控制器，该控制器中包括了多种显示样式：GridView，CardView，LayoutView 等，可以显著提升软件的视觉效果。GridControl 接口类 BasicForm 定义如下所示。

```
Interface class BasicForm
    {
        #region members
        protected DataTable _ dataTableAll;          //加载的全部数据
        protected DataTable _ dataTableNow;       //当前显示的数据
        protected List<int> _ columnReadOnly;          //只读列
        protected int _ currentRow;                      //当前行
        protected List<BackgroundColorData> _ colorData;//背景颜色
数据
    protected List<ForeColorData> _ foreColor;
        protected List<CheckInfo> _ checkInfoList;    //数据校验规则
        protected List<ColumnCompute> _ computeFieldList;    //字段
计算规则
        protected List<ColumnFixed> _ columnFixedData;        //列的
冻结数据（不保存到配置文件）
        protected bool _ isMark = true ;       //是否颜色标记
    protected List<GridColumn> _ selectColumnList;
    protected List<int> _ pictureColumnIndex;
    protected List<CustomPopup> _ customPopupList;
```

```
        protected Dictionary<int, object> _ PicureIndex; //存放 Picu-
trueIndex
    public virtual event EventHandler<FilterColumnChangeArgs>FilterChange;
    public event EventHandler<EventArgs>PopUpMenu;
    public event EventHandler<InitNewRowEventArgs>GridInitNewRow; pro-
tected bool ischange = false;
    protectedint _ currentRowHandle;
    private bool _ isFilterShow = false;
        List<UnitManager> _ UMs;
        #endregion
        #region properties
    protected Dictionary<string, int> _ visulindex ;
    protected Dictionary<string, int> _ FieldNameScale;
    protectedDataTable _ allDataCopy;
    public bool IsFiltersShow
        List<string> _ HideColumn;
    protected List<string>SetHideColumn
        /// <summary>
        /// 列的单位信息
        /// </summary>
    public List<UnitManager> UMs
    publicGridViewDataView
    bool   _ DisableRightMouseMenu=false;
        /// <summary>
        /// 屏蔽右键菜单，设置 true 将会屏蔽
        /// </summary>
```

public bool DisableRightMouseMenu

bool _ DisableDataNavigator = false;

    /// <summary>

    /// 屏蔽原始的数据导航栏，设置 true 将会屏蔽

    /// </summary>

public bool DisableDataNavigator

    /// <summary>

    /// 加载的全部数据

    /// </summary>

public virtual DataTableDataTableAll

publicGridOptionsViewOptionsView

    /// <summary>

    /// 设定某一个单元格的值

    /// </summary>

    /// < param name = " rowHandle" >行索引，从 0 开始</param>

    /// <param name=" colname" >列名称</param>

    /// <param name=" value" >设置值</param>

public void SetRowCellValue（introwHandle, stringcolname, object value）

  /// <summary>

    /// 设定某一个单元格的值

    /// </summary>

    /// < param name = " rowHandle" >行索引，从 0 开始</param>

    /// <param name=" colname" >列索引，从 0 开始</param>

155

```
        /// <param name = "value"  >设置值</param>
public void SetRowCellValue （introwHandle， intcolindex， object value）
        /// <summary>
        /// 当前显示的数据
        /// </summary>
publicDataTableDataTableNow
        /// <summary>
        /// 当前选中的行，从 1 开始
        /// </summary>
publicintCurrentRow
        /// <summary>
        /// 当前选中的列，从 1 开始
        /// </summary>
publicintCurrentCol
}
```

7.1.4　界面设计

在用户界面部分，根据数据整合与管理的需求，按照相关类别进行分类管理，用户可以通过界面与数据库进行交互，实现对数据库的直观显示及维护管理，它包括了数据查询、数据编辑、数据校验、数据导入等功能，界面如图 7-6、图 7-7 所示。

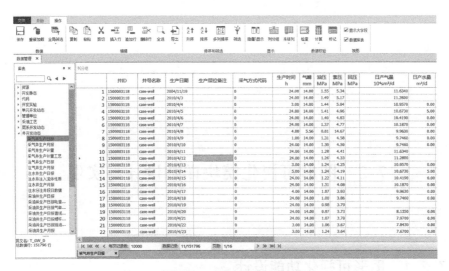

图 7-6　数据管理界面

图 7-7　数据导入界面

7.2　图形可视化模块详细设计与实现

7.2.1　图形可视化功能设计

图形可视化主要包括以下功能：

（1）井位图功能。井位图是基于井位与井点信息生成平面地质图件的功能，可方便快捷地绘制综合井位图、各类静、动态参数等值线图，还可基于井点静态信息，应用丰富的井间插值技术，生成简易三维地质模型，直观地分析气藏地质特征，可导入用户各类含井位的平面地质图件成果。

（2）等值线功能。可以绘制带正、逆断层、内外边界的层位构造等值线、岩层厚度、砂岩厚度、有效厚度、孔隙度、渗透率、饱和度等各种储层参数的等值线图；成图时，考虑地层尖灭；可以设置等值线的间隔、线型、粗细、填充颜色、标注字体，以及对等值线的交互编辑。

（3）三维井轨迹。通过井位图和井号自动生成单井轨迹图，包括实际轨迹和设计轨迹。任意调整井身的显示范围，多角度立体查看井身轨迹。点击井身时，显示那个点的数据。可以绘制多分支井的井轨迹。

（4）三维等值线。根据属性参数和插值计算方法，以及网格密度等的选择，绘出三维等值线图。小层的高低起伏所代表属性规定为单一的垂深或海拔，颜色变化代表的是 Z 值的大小。模型里面的井柱，可以是真实的井轨迹。能够处理断层和边界在三维等值线上的表现。

7.2.2 图形可视化处理流程设计

7.2.2.1 地质图形可视化算法流程

地质图形可视化功能基于静态数据可以高效快捷地生成连井剖面图，测井曲线图，并且运用了丰富、准确的地质统计学方法绘图，很好地满足工程人员对煤层气田地质研究的需求，直观反映了储层特征，为煤层气生产、挖潜开发提供指导依据。

地质图形可视化算法流程如图 7-8 所示，首先建立工作域，该功能的所有操作都是在工作域内进行的，然后分别导入地质模型和井轨迹数据，进行数据的解析操作，待解析完数据后，进行 2D 图件的绘制，根据已绘的 2D 图件层绘制井位图和等值线图等，最后用户可以对成果进行查看和管理操作。

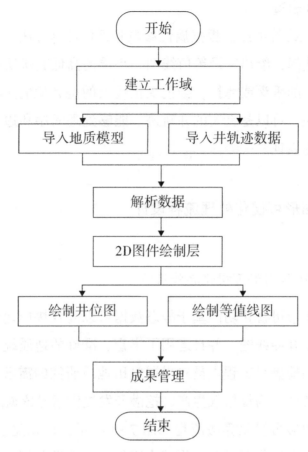

图 7-8　地质图形可视化流程图

7.2.2.2　三维图形可视化算法过程

　　三维图形可视化功能利用数据绘制三维井轨迹图和三维等值线图等，更直观地展示单井及煤层气田储层和煤层气的空间分布情况，研究人员可以对数据及图形进行解析并展现 Petrel 导出的三维地质模型，基于这些实现对储层地质特征的分析与研究。

　　三维图形可视化算法流程如图 7-9 所示，首先建立工作域，该功能的所有操作都是在工作域内进行的，然后分别导入三维模型和井轨迹数据，进行数据的解析操作，待解析完数据后，进行3D 图形的底层绘图，根据已绘的 3D 底层图形绘制三维井轨迹图和三位等值线图等，最后用户可以对成果进行查看和管理操作。

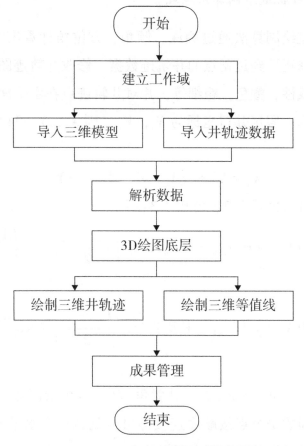

图 7-9　三维图形可视化流程图

7.2.3 图形可视化算法原理

7.2.3.1 井轨迹绘制算法原理

井轨迹绘制算法通过测深、倾角、方位角计算出大地坐标，可以自动修正不经过靶点的井轨迹数据，修改井轨迹图件绘制属性，包括线性，颜色，粗细等，并对井轨迹点在水平面上的投影位置的计算，假定井口坐标为 X_0，Y_0，则 X_n，Y_n 可以用如下公式计算

$$X_n = X_0 + D X_n, \quad Y_n = Y_0 + D Y_n \tag{7.1}$$

由此可得公式 7.2、公式 7.3：

$$D Y_{n+1} = D Y_n + (M D_{n+1} - M D_n) \times \sin\left(\frac{I_{n+1} + I_n}{2}\right) \times \cos\left(\frac{A_{n+1} + A_n}{2}\right)$$

$$\tag{7.2}$$

$$D X_{n+1} = D X_n + (M D_{n+1} - M D_n) \times \sin\left(\frac{I_{n+1} + I_n}{2}\right) \times \cos\left(\frac{A_{n+1} + A_n}{2}\right)$$

$$\tag{7.3}$$

其中，A_n 为方位角，I_n 为井斜角，$M D_n$ 为测量深度，且 $n \geq 0$，将计算得到的每个点按顺序连接即可得到轨迹在水平面的投影，系统最终显示为井口和靶点图标。

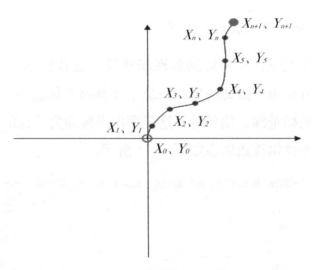

图 7-10　井轨迹绘制示意图

7.2.3.2　多靶点与多分支井计算原理

多靶点与多分支井算法通过一定规则（比如靶点名称）确定分支井各个靶点的连接关系，多分支井绘制可以兼顾考虑井轨迹数据和多靶点数据，支持多靶点绘制或者仅绘制井口和井底。

主要算法原理：

假定 P_i 表示第 i 个点，坐标为（X_0、Y_0、Z_i），X_0 表示井口坐标 X；DX_i 表示 Offset X_i，Y_0 表示井口坐标 Y，DY_i 表示 *Offset* Y_i，Z_i 表示第 i 个点的垂向坐标（即负的垂深值），$P_0(X_0，Y_0，0)$ 表示井口位置，可以得到公式 7.4。

$$X_i = X_0 + DX_i，Y_i = Y_0 + DY_i \tag{7.4}$$

通过公式 7.4 可以算出每个已知点的坐标，垂深值在设计数据中已给出，因此我们可以在空间确定每个点的坐标，依次按深度连接对曲线进行圆滑处理。

163

7.2.3.3 井轨迹数据计算原理

通常情况下，我们得到的现场井身轨迹数据都是只有测深、井斜角和方位角，因此需要在系统中计算出井轨迹每个测点的横坐标、纵坐标垂深、偏移等，这里垂向坐标即为垂深的负值。

现场井身轨迹数据表如图 7-11 所示。

	井号	测量深度	横向坐标	纵向坐标	垂向坐标	垂直深度	横向偏移	纵向偏移	方位角	倾角
		m	m	m	m	m	m	m	degree	degree
1	EB1X9	60.000							300.00	0.50
2	EB1X9	100.000							45.00	0.50
3	EB1X9	150.000							225.00	0.50
4	EB1X9	200.000							305.00	0.50
5	EB1X9	250.000							75.00	0.50
6	EB1X9	300.000							325.00	0.50
7	EB1X9	350.000							0.00	0.50
8	EB1X9	400.000							225.00	0.50
9	EB1X9	450.000							335.00	0.50
10	EB1X9	500.000							190.00	0.50
11	EB1X9	550.000							330.00	0.50
12	EB1X9	600.000							150.00	0.50
13	EB1X9	650.000							310.00	0.50
14	EB1X9	700.000							335.00	0.50
15	EB1X9	750.000							55.00	0.50
16	EB1X9	770.000							25.00	0.50

图 7-11　现场井身轨迹数据表示意图

其中，第一个横坐标 X_0、纵坐标 Y_0 值直接选取井口坐标相应值；第一个垂深点 TVD_0 的值也选取第一个测深值，同理垂向坐标 Z_0 选取垂深的相反数；第一个偏移值 DX_0、DY_0 方向均给一个 0 值；然后再根据给出的第一个值计算下边的各个值，算法均是从第二行开始使用。

垂深计算：

$$TVD_{n+1} = TVD_n + (MD_{n+1} - MD_n) \times \cos\left(\frac{I_{n+1} + I_n}{2}\right) \quad (7.5)$$

其中，MD_n 为测量深度，I_n 为井斜角，且 $n \geqslant 0$。

垂向坐标计算：就是垂深的相反数值；

坐标计算：式 7.1；

偏移值计算：式 7.2、7.3；

（1）已知垂深 TVD_i 和测点测量深度 MD_i，求井斜角 α_i。

已知可输入参数：TVD_i，MD_i，$i = 2$，$\cdots$，n，$\alpha_i = 0$；

$$D_{M_i} = MD_i - MD_{i-1} \tag{7.6}$$

$$D_i = TVD_i - TVD_{i-1} \tag{7.7}$$

$$\cos\left(\frac{\alpha_i + \alpha_{i-1}}{2}\right) = D_i / D_{M_i} \tag{7.8}$$

$$\alpha_i = 2arccos\ (D_i / D_{M_i}) - \alpha_{i-1} \tag{7.9}$$

（2）已知垂深 TVD_i 和井斜角 α_i，求测点测量深度 MD_i。

已知可输入参数：TVD_i，α_i，$i = 2$，$\cdots$，n；

$$D_i = TVD_i - TVD_{i-1} \tag{7.10}$$

$$D_{M_i} = D_i / cos\ (\frac{\alpha_i + \alpha_{i-1}}{2}) \tag{7.11}$$

$$MD_1 = D_1 \tag{7.12}$$

$$MD_i = D_{M_i} - D_{M_{i-1}} \tag{7.13}$$

（3）已知测量深度 MD_i，井斜角 α_i，求垂深 TVD_i。

已知的可输入参数：MD_i，α_i，$i = 2$，$\cdots$，n；

$$D_i = (MD_i - MD_{i-1}) \times cos\ (\frac{\alpha_i + \alpha_{i-1}}{2}) \tag{7.14}$$

$$TVD_1 = D_1 \tag{7.15}$$

$$TVD_i = D_i - TVD_{i-1} \tag{7.16}$$

7.2.4 界面设计

在图形可视化界面中，用户可以读取数据库中的数据或者通过人机交互直接粘贴数据，快速绘制各类地质图件、三维图形、Petrel 导出的地质模型，同时还可以读取 AutoCAD 格式与 SEG-Y 格式的地震数据等，界面设计如图 7-12~图 7-17 所示。

7.2.4.1 地质图形可视化界面

图 7-12 地质图形可视化功能菜单

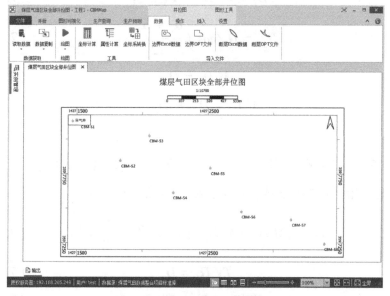

图 7-13 井位图功能界面

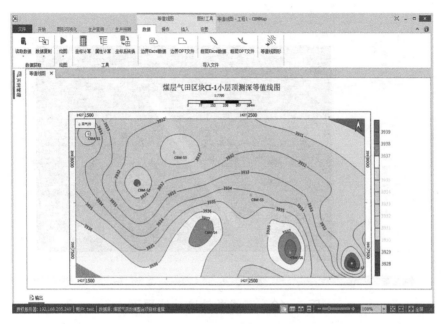

图 7-14　等值线图功能界面

7.2.4.2　三维图形可视化界面

图 7-15　三维图形可视化功能菜单

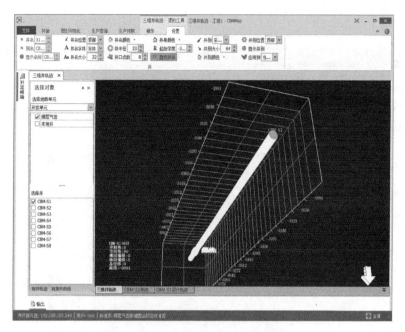

图 7-16　三维井轨迹功能界面

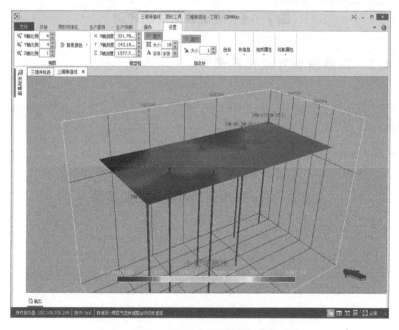

图 7-17　三维等值线图功能界面

7.3　生产查询模块详细设计与实现

生产查询模块提供了生产数据实时展示的手段，在实现海量生产数据快速的查询和分析的同时，还能对生产状况进行分析监测。

7.3.1　生产查询功能设计

7.3.1.1　单元日开采现状图功能

单元日开采现状图功能是生产查询模块的重要组成部分，通过此功能用户能将日生产指标值的大小用图形样式以某种关系关联后投影到井位图上，绘制专业、直观的各种图形类型的开采现状图形。

单元日开采现状图主要包括以下功能。

（1）参数修改：用户通过改变研究对象、研究指标合时间等，可以获取不同对象在不同时间对应的不同指标的图形；

（2）叠放图形功能：应用饼图、柱状图等展现出对比图、统计图；

（3）生产曲线叠放功能：基于井位图进行生产曲线图形显示；

（4）播放：支持时间段的动态播放；

（5）等值线：通过生产数据生成井位图上的等值线图形显示；

（6）功能模板修改：功能模板修改为功能定制增加一种手段，并且可以保存为原功能名或新功能名。

7.3.1.2　日生产曲线查询功能

生产曲线功能，用于绘制对象的各种曲线及生成查询结果报表。此功能通过功能设计来定制满足用户研究的各种具体功能，系统给出了常用的生产曲线查询功能，这里以采气井日生产曲线功能为例简要介绍其功能及实现方法。

煤层气井日生产曲线查询是为了解决气井的日生产指标与时间关系的曲线绘制问题，其主要包括以下功能。

（1）参数修改：用户通过改变研究对象、研究指标和时间等，可以获取不同对象在不同时间对应的不同指标的开发曲线；

（2）标注功能：可在图框、曲线上进行大事件、数据值标注；对数据点进行自定义标注、数据点值显示；

（3）曲线灵活拖动：绘制的曲线可拖动合并、拆分。两种场景：同一对象不同指标拖动合并、拆分；不同对象的指标拖动合并、拆分；

（4）图例标识合理：图例可灵活显示、拖动、命名，用户可设置图例名；

（5）数据修改方便：数据可在数据管理和功能实例数据中修改，并成运行生成曲线；

（6）功能模板修改：功能模板修改为功能定制增加一种手段，并且可以保存为原功能名或新功能名；

（7）属性模板修改和保存、引用：所有属性可改变，并得以保存成属性文件，应用于下口井，同时属性文件可直接选取，得到应用。

7.3.2　生产查询处理流程设计

7.3.2.1　单元日开采现状图算法流程

1）单元日开采现状图用例图

单元日开采现状图用例图如图 7-18 所示，图 7-18（a）~（c）分别展示了打开功能图形显示、打开用例图形显示和图形操作的用例图。用户可以从数据库中读取单元日生产信息并结合井位图将数据展示出来，还可以对已产生的数据图形修改参数、导出图形信息。

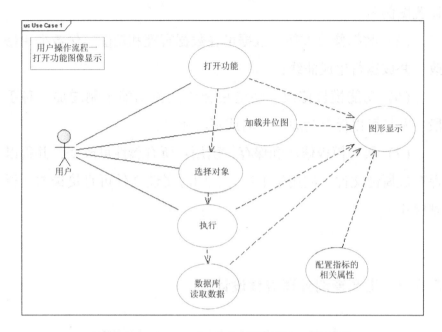

图 7-18（a） 打开功能图形显示用例图

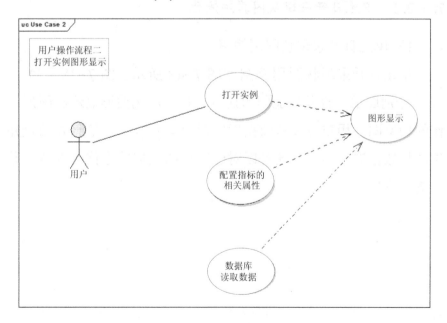

图 7-18（b） 打开实例图形显示用例图

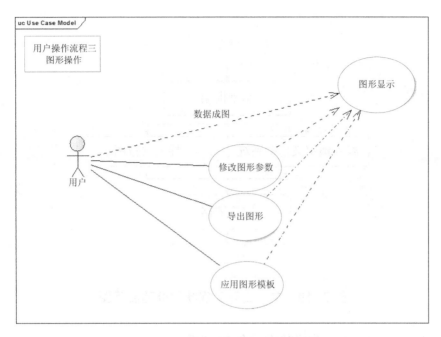

图7-18（c）　　图形操作用例图

2）单元日开采现状图流程图

单元日开采现状图算法流程如图7-19所示，首先由软件的基础框架模块从数据库中读取生产数据和井位数据，然后通过设置不同的参数对数据进行筛选同时生成对应的井位图，最后通过图形显示模块将生产数据和井位图结合并展示出来。

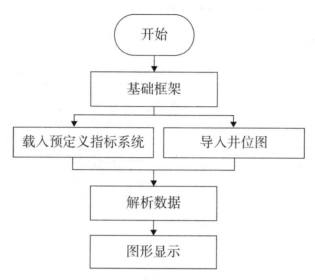

图 7-19　单元日开采现状图处理流程图

3）单元日开采现状图功能时序图

打开功能数据时序图如图 7-20 所示，用户操作通过对应的接口函数反馈到程序内部，经过程序处理后图形化展示到用户界面上。图形操作功能时序如图 7-21 所示，用户通过对应的接口函数产生操作命令反馈到程序内部，然后经过程序处理后将单元日开采现状图结果展示出来，达到修改图形参数、导出图形等目的。

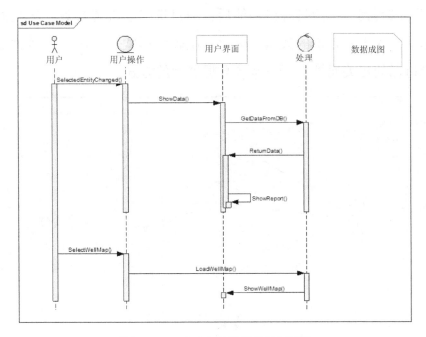

图 7-20　打开功能数据时序图

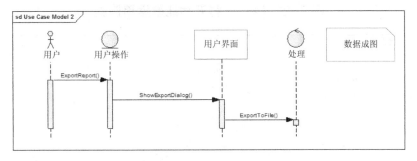

图 7-21　图形操作时序图

7.3.2.2　日生产曲线查询算法流程

1）日生产曲线查询用例图

日生产曲线查询用例图如图 7-22 所示，图 7-22（a）～

（b）分别展示打开功能数据和打开实例数据的用例图。从图中我们可以看到，用户打开该功能后，通过选择、设置参数，从数据库中导入需要查询的数据，然后以图表的形式展示出来。通过配置指标的相关属性，可以修改数据展示的方式。

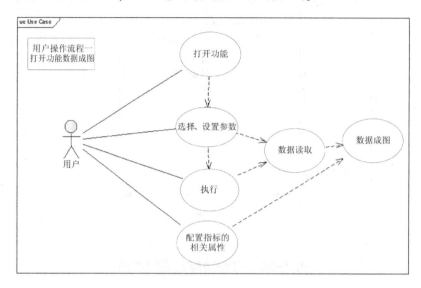

图 7-22 (a)　　打开功能数据用例图

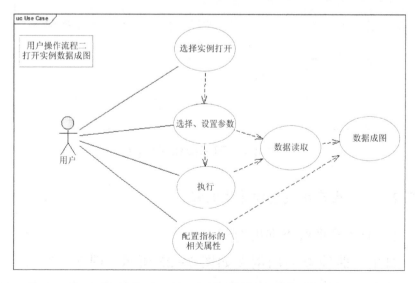

图 7-22 (b)　　打开实例数据用例图

2）日生产曲线查询流程图

日生产曲线功能结构图如图 7-23 所示。首先系统的基础框架会从数据库中读取需要显示的生产数据，然后通过更改、设置软件的预定义指标，使数据能以不同的方式展示出来，接着选择需要查询的具体日期，最后由系统的图形显示功能将日生产曲线数据直观地显示在系统界面中。

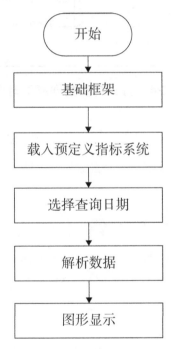

图 7-23　日生产曲线查询流程设计

3）日生产曲线查询功能时序图

日生产曲线查询模块读取数据库数据，生成各种不同的视图。图 7-24 展示了系统打开功能数据成图的时序图，图 7-25 为将日生产数据生成管柱图的功能时序图。

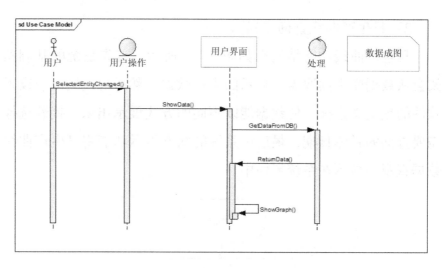

图 7-24　打开功能数据成图时序图

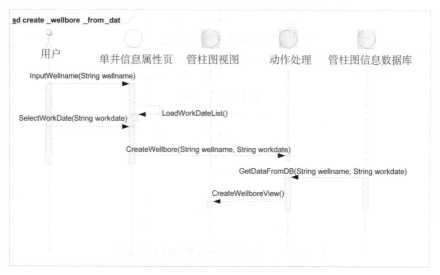

图 7-25　数据库数据生成管柱图时序图

7.3.3　界面设计

7.3.3.1　单元日开采现状图界面设计

在用户交互界面上，打开单元日分析功能，通过设置时间，导入所需数据及井位图信息，然后进行成图操作，显示结果如图 7-26 所示。通过"功能属性"进入当前使用的功能中，可以修改标题、绘图指标、比例等功能属性；通过导出命令还可以以图片的形式导出并保存所需信息。

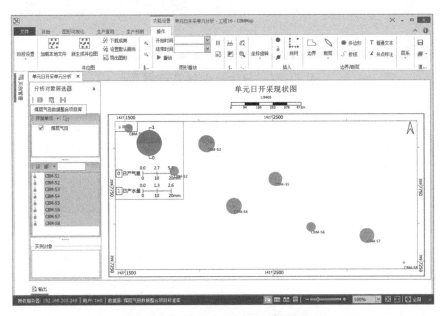

图 7-26　单元日开采现状图界面

7.3.3.2　日生产曲线查询界面设计

在用户交互界面上，打开软件日生产曲线查询功能，选择需要查询的井位序号以及对应的时间间隔，点击成图命令即可展示出查询结果，如图 7-27 所示。通过更改左侧列表不同的井位序号，可以查询所有井位的生产信息。

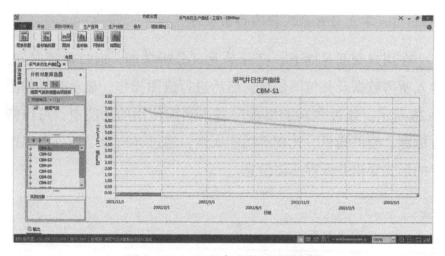

图 7-27　日生产曲线查询界面

7.4 生产预测模块详细设计与实现

生产预测模块包括新井井位预测、新井产量预测、老井产量预测三类功能。新井井位预测功能提供合理井距的计算方法，结合静态地质资料生成的地质储量龟背图，确定新井的井位；新井产量预测功能应用统计学的方法，收集已开发井产量样本，建立产量分布模型，采用蒙特卡洛随机模拟得到新井产量值；老井产量预测功能提供符合煤层气田产量变化规律的产量递减模型，主要有 Arps 递减法、预测模型法、Agarwal 方法。

7.4.1 生产预测功能设计

7.4.1.1 产量预测功能

通过各种预测模型估计井位未来的产能，为人们的生产开发提供理论支持。本功能提供以下几种预测方法。

新井产量预测：根据已开发井的产量，利用蒙特卡洛随机模拟的方式求取新井产量；

Arps 递减法：使用指数递减、调和递减和双曲递减 3 种传统递减形式，计算气藏可采储量及采收率；

预测模型法：使用广义翁氏模型、Weibull 模型、Logistic 模型、对数正态分布模型、Rayleigh 模型 5 种预测模型，计算煤层气田可采储量及采收率；

Agarwal 方法：典型曲线拟合计算原始地质储量、含气面积、渗透率、气井表皮系数、裂缝半长等，并在此基础上进行生产预测。

7.4.1.2 井位预测功能

在煤层气开发中，井位的正确选取是整个开发项目的重要环节。通过井位预测功能可以根据现有数据预测出合理的新井井位，用来指导煤层气田井网部署与优化，提高煤层气田的产能。

7.4.2 生产预测处理流程设计

7.4.2.1 产量预测算法流程

产量预测模块的算法流程如图 7-28 所示。首先连接需要分析的项目库，然后进入预测模块中，选择所需的分析对象及预测模型，输入对应的模型参数后即可计算出产量预测结果。

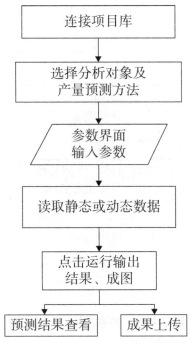

图 7-28　产量预测模块流程图

7.4.2.2　井位预测流程设计

井位预测模块的处理流程如图 7-29 所示。模块首先建立一个处理数据的工作域，然后将对应数据导入，通过井位预测算法处理数据，生成处理结果，并将新井位信息以图形的方式展示出来。

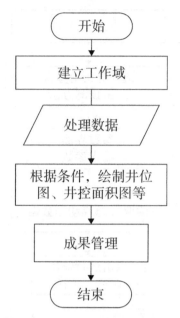

图 7-29　井位预测处理流程

7.4.3　生产预测算法原理

7.4.3.1　产量预测计算原理

新井产量预测使用 Arps 递减模型，预测产量、采收率等相关指标系数，根据已有井的生产数据，应用蒙特卡洛随机模拟出新井的产量。J. J. Arps 产量递减曲线有指数型、双曲型、调和型三种类型。其基本的关系式如下：

$$\alpha = -\frac{1}{q}\frac{dq}{dt} \tag{7.17}$$

$$\frac{\alpha}{\alpha_i} = \left(\frac{q}{q_i}\right)^n \tag{7.18}$$

184

其中 n 为递减指数，无量纲；α_i 为初始递减率，mon-1 或 a-1；q_i 为在递减期，人为选定 t = 0 时对应的初始产量，$104m^3/mon$ 或 $108m^3/a$；Np 从人为选定的 t = 0 时算起的累积产量，$104m^3$ 或 $108m^3$。

其计算步骤如下：

第一步：收集样本，即已生产井的产量数据；

第二步：样本生产时间归一化（由于每口井起始时间不一致，需要对生产时间进行拉齐），不再显示具体的日期，而是以"时间 1、时间 2……"这样的方式显示对应的产量；

第三步：依次以每个时间点的一组样本值作为随机模拟的样本，选择分布类型，产生累积概率分布函数，求取 P10、P50、P90，并将 P50 作为新井产量的预测值，这样就得到每个时间点的产量值；

第四步：根据已开发井的可采储量，选择分布类型，产生累积概率分布函数，求取 P50 作为新井的可采储量；

第五步：根据之前预测的新井产量值，选取产量递减阶段，根据 Arps 递减法中的双曲递减模型拟合产量，并预测新井直到废弃时（也就是累积产量等于可采储量）的产量值。

7.4.3.2　井位预测算法原理

在进行井位预测时将其拆分为两个环节，一是计算煤层气分布情况，主要根据龟背图确定含气范围；二是提供合理井距的计算方法，结合已有井的位置以及龟背图，确定新井的井位。

其中，龟背图直接借用 WellMap 现有功能中的龟背图，井位优化算法有经济极限井距法和单井控制储量法。

（1）经济极限井距法

由于经济极限井距的大小受资源丰度的影响很大，在不考虑井网密度对采收率的影响时，根据单井控制经济极限储量，可以算出经济极限井距。经济极限井距如下式：

$$D = \sqrt{\frac{Gg}{F}} \qquad (7.19)$$

$$Gg = \frac{C + T \times P}{Ag \times P} \qquad (7.20)$$

其中：

Gg：单井控制经济极限储量，m^3；——计算结果

C：单井钻井和气建合计成本（包括钻井、储层改造、地面建设系统工程投资分摊），元/井；——输入参数

P：单井年平均采气操作费用，元/年×井；——输入参数

T：开采年限，年；——输入参数

Ag：煤层气售价，元/m^3；——输入参数

D：经济极限井距，m；——计算结果

F：资源丰度，亿 m^3/km^3。——输入参数

（2）单井控制储量法

单井控制储量法的计算公式如7.21、7.22所示。

$$D = \sqrt{\frac{Gg}{F}} \qquad (7.21)$$

$$Gg = \frac{dq \times t}{N \times Er} \qquad (7.22)$$

其中：

Gg：单井控制经济极限储量，m^3；——计算结果

q：稳产期内单井平均产能，m^3/d；——输入参数

d：每年产气天数取 330 天；——界面默认，可修改

t：气藏稳年限，年；——输入参数

N：稳产期末可采储量采出程度；——输入参数

Er：气藏采收率；——输入参数

D：经济极限井距，m；——计算结果

F：资源丰度，亿 m^3/km^3。——输入参数

其算法步骤可表示如下：

第一步：读取单井基础信息、储层物性数据、断层数据等绘制龟背图，并找出煤层气含量高的坐标范围；

第二步：在左侧参数界面选择计算方法，算出经济极限井距；

第三步：在龟背图中在搜索煤层气含量高范围内周围的井点，并以经济极限井距为半径画圆，找到所有圆不重叠的空白区域，并在空白区域确定一个点，保证这个点距离周围所有井点的距离是最远的。若没有不重叠的空白区域，则直接在龟背图中含气范围高的范围内确定一个点，保证这个点距离周围所有井点的距离是最远的。

第四步：输出计算结果，包括计算结果表（单井控制储量、经济极限井距）、已标定新井井位的龟背图。

7.4.4　界面设计

7.4.4.1　产量预测界面设计

在用户交互界面中，通过软件的新井产量预测按钮进入新井产量预测界面，如图 7-30 所示。

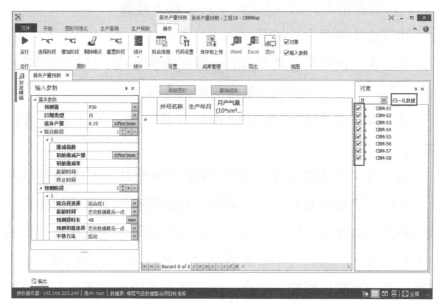

图 7-30　新井产量预测模块主界面

在左侧列表中填入功能项入口参数，在中央栅格区域选择预测时间范围，即可生成产量预测结果，如图 7-31 所示。

拟合段:	1		
递减模型:	指数递减	初始递减产量:	108.20　10⁴sm³/mon
递减指数:	0.000	初始递减率:	0.018
折算年递减率:	0.1957		

序号	时间	实际产量	拟合产量
		10⁴sm²/mon	10⁴sm³/mon
1	2004/11	106.9880	108.1859
2	2004/12	108.5490	106.2406
3	2005/1	106.5490	104.3302
4	2005/2	94.5490	102.4542
5	2005/3	102.8430	100.6120

预测段:	1		
可采储量:	1.1190　10⁸sm³	采收率:	%

序号	时间	预测月产量	预测累产量	预测年产量
		10⁴sm³/mon	10⁸sm³	10⁴sm³/a
1	2012/1	23.0000	0.9938	
2	2012/2	22.5900	0.9960	
3	2012/3	22.1800	0.9983	
4	2012/4	21.7800	1.0000	

图 7-31　拟合结果显示效果

归一化结果效果如图 7-32 所示。

归一化结果表

时间	OPT-S1	OPT-S2	OPT-S3	OPT-S4	OPT-S5	OPT-S6	P50
	10⁴sm³/mon	10⁴sm³/mon	10⁴sm³/mon	10⁴sm³/mon	10⁴sm³/mon	10⁴sm³/mon	10⁴sm³/mon
0	208.03	109.86	99.292	110.87	116.54	233.4	113.71
1	182.51	97.863	89.14	99.945	104.71	202.72	102.33
2	198.5	106.91	97.776	109.83	115.15	219.26	112.49
3	188.62	102.1	94.589	106.73	111.15	207.17	108.94
4	191.37	104.15	97.604	110.1	114.69	209.06	112.39
5	181.84	99.508	94.304	105.69	111.22	197.61	108.46
6	184.49	101.53	96.709	108.92	115.15	199.48	112.04
7	181.09	100.27	96.903	108.46	114.47	194.82	111.47
8	172.07	95.84	93.335	104.44	110.07	184.24	107.26
9	174.58	97.826	96.411	107.9	114.15	186.07	111.03
10	165.89	93.525	92.234	104.17	110.77	176.02	107.47
11	168.31	95.483	94.433	108.12	114.2	177.82	111.16
12	165.21	94.346	94.051	107.41	113.36	173.82	110.39
13	146.6	84.209	83.86	96.181	102.64	153.65	99.409
14	159.46	92.138	92.982	106.28	113.9	166.5	110.1
15	151.52	88.13	89.186	102.89	110.3	157.62	106.59

图 7-32　归一化结果效果

7.4.4.2 井位预测界面设计

在用户交互界面中，通过新井井位预测按钮进入到井位预测界面。在已连接的数据库中读取井位信息，然后绘制出现有井位的井位图，如图 7-33 所示。

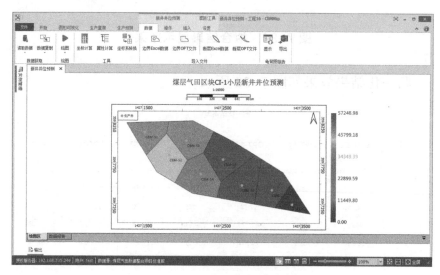

图 7-33　现有井位龟背图

在"数据"菜单中点击新井预测，弹出数据输入界面。点击计算功能，得到单井控制经济极限储量和经济极限井距（如果计算结果不合理，用户可以修改经济极限井距），点击"新井预测"按钮，在储量龟背图中即可显示新井的位置，如图 7-34 所示，方框处为预测的新井井位位置。

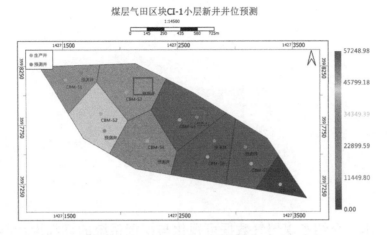

图 7-34　新井井位结果展示

7.5 本章小结

本章介绍了煤层气数据可视化与挖掘系统的详细设计与算法实现，该系统在设计中使用了模块化编程思想。本章主要针对数据整合模块，图形可视化模块，生产查询模块和生产预测模块这四个部分进行了展示，详细地介绍了功能设计部分，算法流程部分，具体实现部分以及最后的效果展示部分。通过本章的介绍，让读者对该系统的设计框架与具体实现有了基本的了解。

第 8 章

煤层气数据可视化与挖掘系统研发成果

8.1　系统建设总体成果

煤层气数据可视化与挖掘系统采用 Client/Server 架构，在统一数据库基础上，将数据整合与管理、图形可视化、数据挖掘与优化有机融合为一体，构成煤层气田数据整合、图形可视化与数据挖掘的软件系统。

该系统整合煤层气田地质、生产数据，建立煤层气田项目数据库，实现了数据整合与导入、数据管理、成果管理等功能；基于数据库与现场异构图件，提供煤层气田静态地质特征再现、集输管网模拟与生产动态分析等一系列的图形可视化功能，解析并再现 Petrel 地质模型；结合现场开发模式，预测符合煤层气田储层特性的新井井位；结合煤层气开发的生产情况，预测符合煤层气田特性的已开发井产量，并提供煤层气田新井产量预测的功能。

以下分别介绍各个子系统研发成果。

8.2　煤层气田数据整合与管理子系统

煤层气田数据整合与管理子系统面向煤层气田数据结构与数据特征，提供数据整合、实时保存、煤层气田静态与动态数据管理、成果管理等功能，用户可以查看整合与保存的数据，在权限允许的情况下进行修改、删除，并基于已有的成果生成分析报告。

数据整合与管理子系统分为数据整合与导入、数据管理与成果管理三个主要部分。

8.2.1　数据整合与导入

在数据整合与导入中，我们参考业界数据库标准（POSC、PP-DM），建立了项目数据库。项目数据的导入整合了不同数据库、数据结构以及 Excel 与 Access 文件等多种类数据到项目库中，从而保证多用户或多功能使用时数据的一致性与准确性。对于数据的更新，系统随着客户源头数据更新自动更新到数据库中。

数据整合与导入功能主要提供项目库构建、数据关联配置和数据导入执行等功能。数据导入步骤中，需要解析测井数据、地震数据、共炮点道集（CSP）等类型的数据、文件等。其中，可以解析的测井数据格式包括 LAS、EXCEL、DLIS、wis、716、

196

BIT、ECLIPS5700 测井系统 RDR 文件格式；地震数据通用格式为 SEG-Y；共炮点道集（CSP）是野外采集记录到磁带上的数据经解编（时序转道序）后就是共炮点道集，为同一激发点激发所有检波器接收的来自地下不同反射点的地震道的集合。

数据导入功能界面如图 8-1、图 8-2 所示。

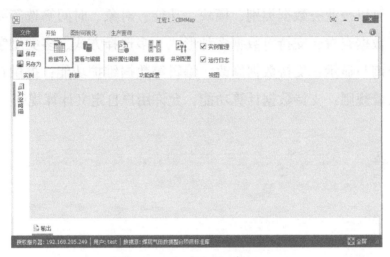

图 8-1　数据导入界面-1

图 8-2　数据导入界面-2

8.2.2 数据管理

数据管理实现对数据库的直观显示与维护、管理，它主要包括数据查询、编辑、校验等功能。数据管理界面如图 8-3 所示。

可以按业务数据类别、模块、功能、对象、时间筛选等要求进行数据查看，支持对数据多种形式、多选择方式、多类型字段的查询与显示；支持数据修改、编辑等数据维护功能；提供自定义校验规则；支持数据计算功能，允许用户自定义计算规则。

图 8-3 数据管理界面

在对存储数据进行格式解析之后，可以根据属性分类或者对象分类进行查询，如图 8-4 所示。

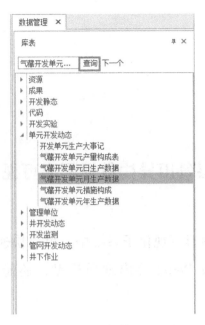

图 8-4　数据管理原型

8.2.3　成果管理

成果管理提供成果上传、成果下载、成果查看、成果修改和成果树管理等功能，具体如下所述。

成果管理提供对 PEOffice 成果管理功能，包括认识结论、计算模型、结果图表、附加的案例、报告等；支持按多种分类方式查看成果；支持设置查询条件，查询关心的成果；提供基于井位图查看成果功能；基于多个成果的综合分析报告自动生成。

8.3 煤层气田异构数据图形可视化子系统

在异构数据图形可视化子系统中，可以快速生成各类地质图件、三维图形以及 Petrel 导出地质模型，还能进行管网建模与模拟。

8.3.1 地质图件可视化

地质图件可视化功能可以利用基础数据生成各种构造井位图、地质参数等值线图。根据整合后的数据库中测井数据，绘制2D 测井曲线，并提供常用模板快速成图或用户自定义模板和设置。有井位数据及井轨迹的情况下，可绘制 3D 测井曲线。根据整合后的地震数据进行图形可视化（2D），将地震剖面数据进行复现。根据 AutoCAD、MapGIS、MapInfo，ArcGIS 四种图形数据的解析情况，选择图片复现或重绘的形式再现，包括井位图、剖面图、等值线图等地质图件。

图 8-5~图 8-9 为地质图件可视化主要功能界面。

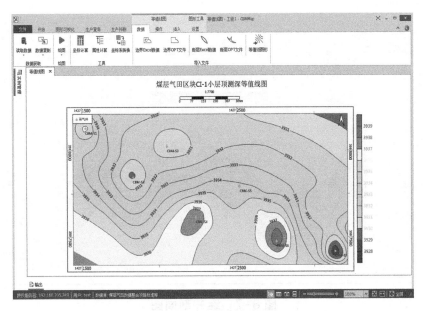

图 8-5　等值线图

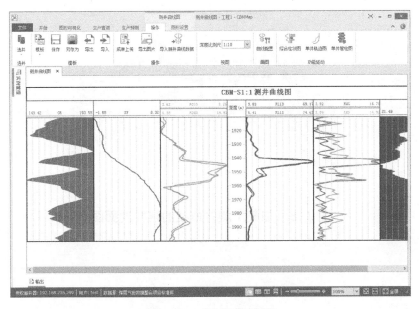

图 8-6　测井曲线图

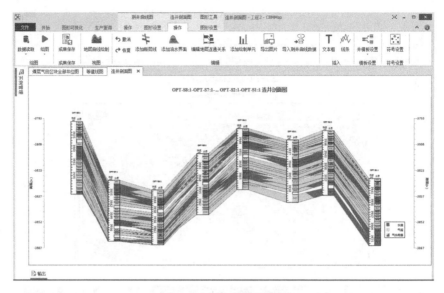

图 8-7　连井剖面图

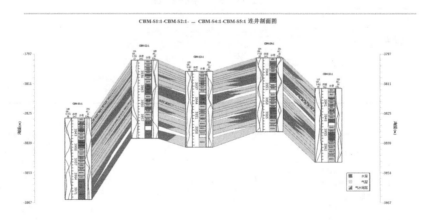

图 8-8　加载了测井曲线的连井剖面图

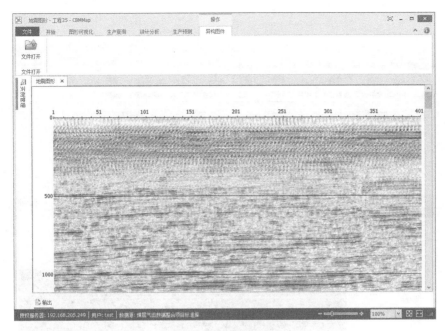

图 8-9　地震图形

8.3.2　三维图形可视化

　　利用基础数据绘制三维井轨迹图和三维等值线图等，解析并可视化 Petrel 导出的三维地质模型，更直观地展示单井、煤层气田储层和煤层气的空间分布情况。有井位数据及井轨迹的情况下，可绘制 3D 测井曲线。辅助对储层地质特征的分析与研究，总结煤层气分布规律。

　　图 8-10~图 8-13 为三维图形可视化主要功能界面。

图 8-10　三维图形可视化功能菜单

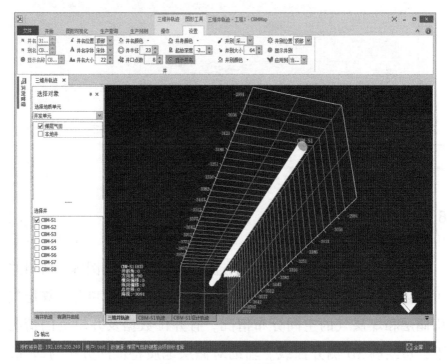

图 8-11　三维井轨迹

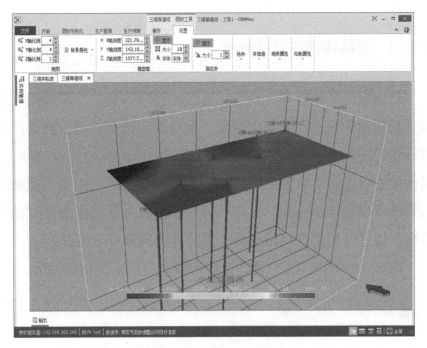

图 8-12　三维等值线图

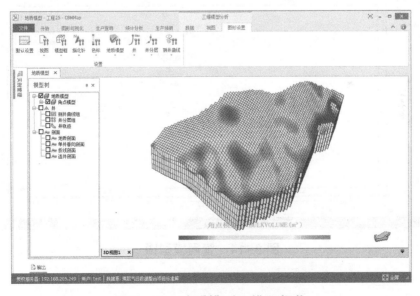

图 8-13　地质模型三维可视化

8.3.3　管网建模和管网分析

　　管网建模利用单井、站点、管线和设备等数据，将煤层气田现场的集输管网进行数字化建模，生成管网结构模型。允许用户进行管网的创建、读取、修改等操作，可以对各种元件的状态、属性等进行设置，可以使用模板来实现组合的管网结构，能够进行管网模型的结构检测、保存。管网分析根据管网模型配置动态数据，通过管网拓扑结构分析，进行管线的分析与模拟。

　　图 8-14~图 8-15 为管网建模和管网分析主要功能界面。

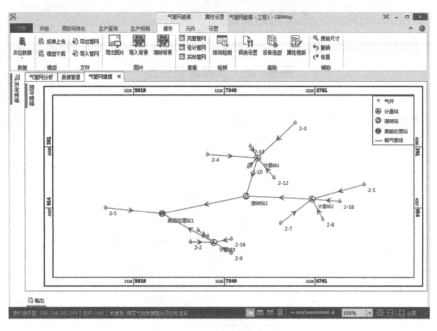

图 8-14　管网模型图

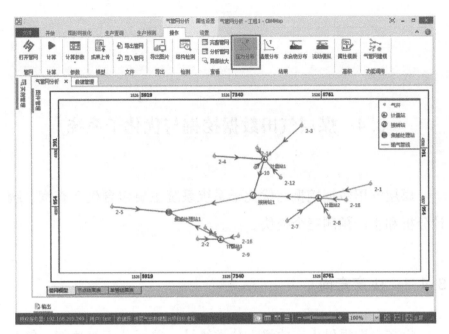

图 8-15　管网分析

8.4 煤层气田数据挖掘与优化子系统

煤层气田数据挖掘与优化子系统系统主要包含生产查询、统计分析和生产预测三个模块。

8.4.1 生产查询

生产查询提供生产曲线、分类统计、单元分析等功能。气井日生产曲线功能能够绘制气井的日生产指标与时间的关系曲线。气井日生产曲线功能是为了解决气井的日生产指标与时间关系的曲线绘制问题，提供参数修改、标注、曲线灵活拖动、数据修改、功能模板修改等功能。分类统计针对井、单元等中的不同指标进行统计分析。单元分析功能面向日、月等时间间隔在井位图上叠加生产曲线或开采现状图进行分析。

如图 8-16~图 8-17 为生产曲线和单元分析功能界面。

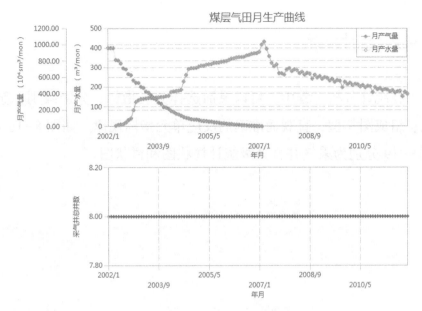

图 8-16　生产曲线查询

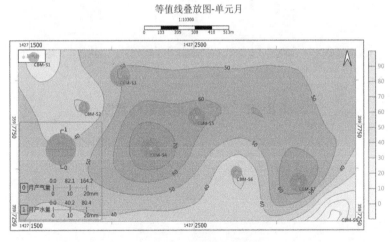

图 8-17　单元分析

8.4.2 统计分析

在统计分析工程中，可以灵活选择分级指标、分级级别、颜色、组成图类型，直观而准确的反应单元指标规律。如图 8-18~图 8-19 分别为采气井日分级统计柱状图和饼状图。

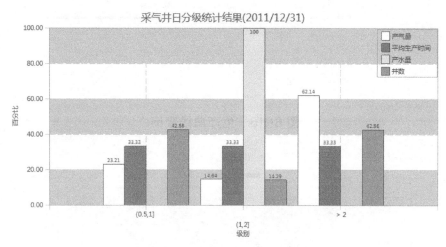

图 8-18 统计分析结果柱状图

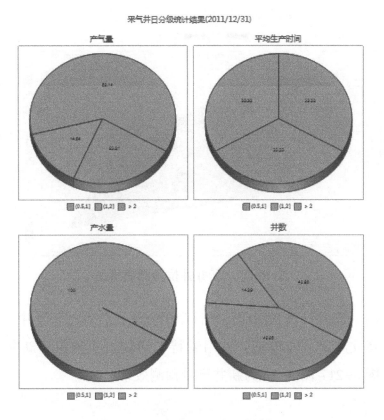

图 8-19 统计分析结果饼状图

8.4.3 生产预测

生产预测具有井位计算优化、新井产量预测、老井产量预测等功能。

（1）井位优化提供合理井距的计算方法，结合静态地质资料生成的地质储量龟背图，确定新井的井位。如图 8-20 所示为新井井位预测效果图。

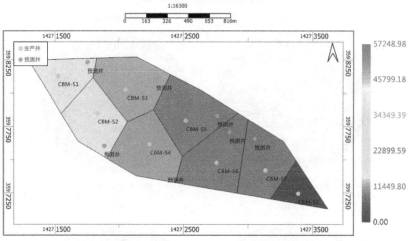

图 8-20　新井井位预测效果图

（2）新井产量预测应用统计学的方法，收集已开发井产量样本，建立产量分布模型，采用蒙特卡洛随机模拟得到新井产量值。图 8-21~图 8-23 为新井产量预测效果图。

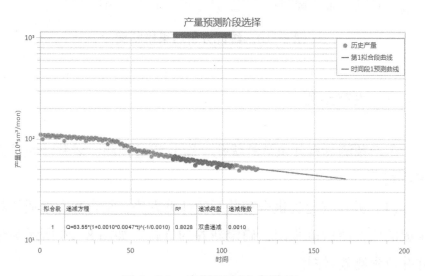

图 8-21　产量预测阶段选择

归一化结果表

时间	CBM-S1	CBM-S2	CBM-S3	CBM-S4	CBM-S5	P50
	$10^4 sm^3/mon$	$10^4 sm^3/mon$	$10^4 sm^3/mon$	$10^4 sm^3/mon$	$10^4 sm^3/mon$	$10^4 sm^3/mon$
0	208.03	109.86	99.29	110.87	116.54	110.87
1	182.51	97.86	89.14	99.95	104.71	99.95
2	198.50	106.91	97.78	109.83	115.15	109.83
3	188.62	102.10	94.59	106.73	111.15	106.73
4	191.37	104.15	97.60	110.10	114.69	110.10
5	181.84	99.51	94.30	105.69	111.22	105.69
6	184.49	101.53	96.71	108.92	115.15	108.92
7	181.09	100.27	96.90	108.46	114.47	108.46
8	172.07	95.84	93.34	104.44	110.07	104.44
9	174.58	97.83	96.41	107.90	114.15	107.90

图 8-22 产量归一化结果效果图

产量预测结果

预测段：	1
时间	预测月产量
	$10^4 sm^3/mon$
120	50.65
121	50.41
122	50.18
123	49.94
124	49.71
125	49.48
126	49.25
127	49.02
128	48.79
129	48.56

图 8-23 产量预测结果效果图

（3）老井产量预测提供符合煤层气田产量变化规律的产量递减模型，主要支持 Arps 递减法、预测模型法和 Agarwal 方法等。其中，Arps 递减有指数型、双曲型、调和型三种类型。图 8-24~图 8-27 为老井产量预测效果图。

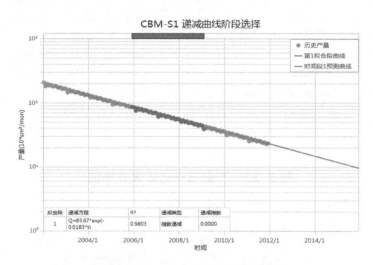

图 8-24　Arps 递减阶段选择

CBM-S1 产量预测结果

预测段:	1			
可采储量:	1.12	10⁴sm³	采收率:	%

序号	时间	预测月产量	预测累产量	预测年产量
		$10^4sm^3/mon$	10^8sm^3	$10^4sm^3/a$
1	2012/1	22.995	0.9938	
2	2012/2	22.578	0.9961	
3	2012/3	22.168	0.9983	
4	2012/4	21.766	1.0005	
5	2012/5	21.371	1.0026	
6	2012/6	20.983	1.0047	
7	2012/7	20.602	1.0067	
8	2012/8	20.228	1.0088	
9	2012/9	19.861	1.0108	

图 8-25　Arps 递减产量预测结果效果图

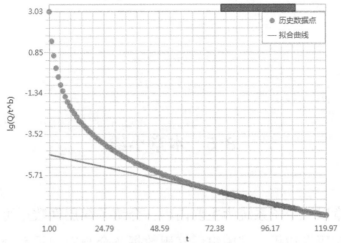

图 8-26　预测模型图 1

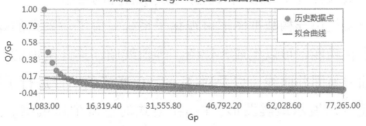

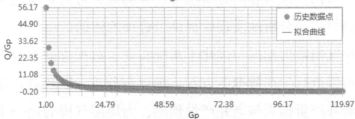

图 8-27　预测模型图 2

8.5　本章小结

本章以三个子系统为主要内容，介绍了煤层气数据可视化与挖掘系统研发成果。其中煤层气田数据整合与管理子系统提供对数据的查看、修改、回写、实时更新，以及成果的分析与管理等功能，极大提高了煤层气田数据与成果管理的效率。

煤层气田异构数据图形可视化子系统完成了一系列的煤层气田图示化功能，可以生成井位图、等值线图、连井剖面图，查看测井曲线与固井曲线，以及对 AutoCAD 格式的图件进行了解析，同时还可以展示地震图形，Petrel 格式的三维地质模型。此外，可以建立管网模拟与管网分析模型。异构数据可视化功能为煤层气井精细描述与分析地质现状提供了合理的依据。

煤层气田数据挖掘与优化子系统实现了数据查询与数据挖掘功能，可以进行生产数据的查看、统计与分析，以及对井位进行预测、新井产量预测与老井产量预测，为煤层气田的进一步开发提供方案依据。

参考文献

［1］ Abraham Silberschatz & Henry F. Koah & S. Sudarshn. 数据库系统概念［M］. 杨冬青, 译. 北京: 机械工业出版社, 2008.

［2］ C. J. Date. 数据库系统导论［M］. 孟小峰, 译. 北京: 机械工业出版社, 2007.

［3］ Cleveland William S. 1994. The Elements of Graphing Data［M］. New Jersey: Hobart Press.

［4］ Cooper S, Khatib F, Treuille A, Barbero J, Lee J, Beenen M, Leaver-Fay A, Baker D, Popovic Z, Foldit Players. 2010. Predicting Protein Structures with a Multiplayer Online Game［J］. Nature, 466: 756-760.

［5］ David Hand, Heikki Mannila, Padhraic Smyth. 数据挖掘原理［M］. 张银奎, 等, 译. 北京: 机械工业出版社, 2003.

［6］ Eppler, M. J. & Burkard, R. A. (2004). Knowledge Visualization: Towards a New Discipline and its Fields of Application. ICAWorking Paper # 2/2004, University of Lugano, Lugano.

［7］ Everts Maarten H, Bekker Henk, Roerdink J, Isenberg Tobias. 2009. Depth-Dependent Halos: Illustrative Rendering of Dense Line Data［J］. IEEE Transactions on Visualization and Computer Graphics, 15（6）: 1299-1306.

［8］ Hong L, Muraki S, Kaufman A, Bartz D and He T. 1997. Virtual Voyage: Interactive Navigation in the Human Colon［C］. //Proceedings of

ACM SIGGRAPH：27-34.

［9］ Ian H. Witten, Eibe Frank. 数据挖掘：实用机器学习技术［M］. 董琳，等，译. 北京：机械工业出版社，2006.

［10］ Jeffrey Richter. Microsoft. NET 框架程序设计［M］. 北京：清华大学出版，2003.

［11］ Jiawei Han, Micheline Kamber, Jian Pei. 数据挖掘概念与技术［M］. 范明，等，译. 北京：机械工业出版社，2012.

［12］ Jiawei Han. 数据挖掘概念与技术［M］. 北京：机械工业出版社，2001.

［13］ Joseph Albahari, Ben Albahari. C# 3.0 核心技术：第三版［M］. 北京：机械工业出版社，2009.

［14］ Michael V. Mannino. 数据库设计、应用开发与管理［M］. 唐常杰，译. 北京：电子工业出版社，2005.

［15］ Nathan Yau. 鲜活的数据：数据可视化指南［M］. 向怡宁，译. 北京：人民邮电出版社，2012.

［16］ Robert Powell, Richard Weeks. C#和 . NET 架构［M］. 北京：人民邮电出版社，2002.

［17］ RodStephens. 数据库设计解决方案入门经典［M］. 王海涛，宋丽华，译. 北京：清华大学出版社，2010.

［18］ Schroeder W, Martin K, Lorensen B. The Visualization Toolkit, Third Edition［M］. New York：Kitware Inc. , 2004.

［19］ Simon Robinson Christian Nagel. C#高级编程（第3版）［M］. 北京：清华大学出版社，2005.

［20］ Spence R. Infomation Visualization：Design for Interaction［M］. New Jersey：Prentice Hall，2007.

［21］ Stephens, R. K & Plew, R. R. 数据库设计［M］. 何玉洁，译. 北

京：机械工业出版社，2003.

［22］Thomas M. Connolly. 数据库设计教程［M］. 何玉洁，译. 北京：机械工业出版社，2005.

［23］Tominski，C.；Fuchs，G.；Schumann，H. Task–Driven Color Coding. Information Visualisation，2008. IV'08. 12th International Conference：373–380，2008.

［24］Trevor Hastie，Robert Tibshirani，Jerome Friedman. 统计学习基础——数据挖掘、推理与预测［M］. 范明，等，译. 北京：电子工业出版社，2004.

［25］安潇潇. ARMA 相关模型及其应用［D］. 燕山大学，2008.

［26］曹林，王健. 煤层气储层三维可视化的研究［J］. 计算机应用与软件，2015（09）.

［27］陈封能，Steinbach，M，Kumar，V. 数据挖掘导论［M］. 范明，等，译. 北京：人民邮电出版社，2011.

［28］陈京民，等. 数据仓库与数据挖掘技术［M］. 北京：电子工业出版社，2002.

［29］陈为，沈则潜，陶煜波，等. 数据可视化［M］. 北京：电子工业出版社，2013.

［30］陈为，张嵩，鲁爱东，数据可视化的基本原理与方法［M］. 北京：科学出版社，2013.

［31］陈文伟，等. 数据挖掘技术［M］. 北京：北京工业大学出版社，2002.

［32］陈希廉，袁怀雨. "论数据挖掘"技术在矿山地质工作及我国西部矿产资源开发中的应用［A］. 中国实用矿山地质学（上册）［C］. 2010：7.

［33］崔巍. 数据应用与设计［M］. 北京：清华大学出版社，2009.

［34］戴勤奋．数据库设计漫谈［M］．青岛：青岛海洋地址研究所，2008．

［35］杜新锋．煤层气地面与井下一体化抽采三维可视化管理系统关键技术［J］．煤田地质与勘探，2011（05）．

［36］杜雅文．大数据环境下信息界面信息流的可视化图形机制研究［D］．东南大学，2015．

［37］段明秀．层次聚类算法的研究及应用［D］．中南大学，2009．

［38］冯少荣，肖文俊．DBSCAN聚类算法的研究与改进［J］．中国矿业大学学报，2008．

［39］冯艺东，信息可视化［A］．中国工程图学学会．中国图象图形学会第十届全国图像图形学术会议（CIG'2001）和第一届全国虚拟现实技术研讨会（CVR'2001）论文集［C］．中国工程图学学会，2001：6．

［40］弗莱（Ben Fry.）（美）．可视化数据［M］．张羽，译．北京：电子工业出版社，2009．

［41］郭新房，孙岩．Visio 2013图形设计从新手到高手［M］．北京：清华大学出版社，2014．

［42］韩丽娜．数据可视化技术及其应用展望［J］．煤矿现代化，2005（06）．

［43］何彬彬，崔莹，陈翠华，陈建华．基于地质空间数据挖掘的区域成矿预测方法［J］．地球科学进展，2011（06）．

［44］洪文学，王金甲，李昕．可视化模型识别［M］．北京：国防工业出版社，2014．

［45］胡俊，黄厚宽，高芳．一种基于平行坐标的度量模型及其应用［J］．计算机研究与发展，2011，48（02）：177-185．

［46］姜桂洪．SQL Server 2008数据库应用与开发［M］．北京：清华大学出版社，2015．

［47］琚锋．基于成矿区带基础数据库的空间数据挖掘技术研究［D］．中

国地质大学，2007.

[48] 李俊山，罗蓉，叶霞．数据库系统原理与设计 [M]．西安：西安交通大学出版社，2006.

[49] 李志聪．数据挖掘中的分类分析算法及其应用 [J]．哈尔滨师范大学自然科学学报，2007（04）：60-62.

[50] 梁爽，杨玥，吴晓艳，李环．.NET框架程序设计 [M]．北京：清华大学出版社，2010.

[51] 刘纪平，常燕卿，李青元．空间信息可视化的现状与趋势 [J]．测绘学院学报，2002（03）.

[52] 刘剑宇，熊允发．移动平均法在公安情报分析中的应用 [J]．中国人民公安大学学报（自然科学版），2007（04）.

[53] 刘涛．数据库应用基础：SQL Server 2008 [M]．天津：南开大学出版社，2016.

[54] 刘为，虞铁雄．数据挖掘中的回归分析及应用 [J]．职大学报，2014，（04）.

[55] 刘文玉．红透山铜矿隐伏矿体三维定量预测研究 [D]．中南大学，2011.

[56] 刘亚军，高莉莎．数据库设计与应用 [M]．北京：清华大学出版社，2007.

[57] 马达．基于贝叶斯的判别理论及其算法实现 [D]．中国地质大学（北京），2011.

[58] 毛国君，段立娟．数据挖掘原理与算法 [M]．北京：清华大学出版社，2007.

[59] 倪志伟，倪丽萍，刘慧婷．动态数据挖掘 [M]．北京：北京科学出版社，2010.

[60] 潘华，项同德．数据仓库与数据挖掘原理、工具及应用 [M]．北京：

中国电力出版社，2007.

[61] 齐立波，黄静．C#入门经典［M］．北京：清华大学出版，2006.

[62] 乔磊．煤层气储层测井评价与产能预测技术研究［D］．中国地质大学（北京），2015.

[63] 钱雪忠．数据库原理及应用［M］．北京：邮电大学出版社 2007.

[64] 秦世勇，高进发，汪忠德．石油地质勘探数据挖掘技术的关键技术探讨［J］．石油天然气学报，2008（3）.

[65] 任永功，于戈．数据可视化技术的研究与进展［J］．计算机科学，2004（12）.

[66] 芮海田，吴群琪，袁华智，冯忠祥，朱文英．基于指数平滑法和马尔科夫模型的公路客运量预测方法［J］．交通运输工程学报，2013，（04）：87-93.

[67] 邵峰晶，于忠清．数据挖掘原理与算法［M］．北京：科学出版社，2003.

[68] 申龙斌．油田勘探开发地质对象三维可视化关键技术研究［D］．中国海洋大学，2010.

[69] 申彦．大规模数据集高效数据挖掘算法研究［D］．江苏大学，2013.

[70] 施惠娟．可视化数据挖掘技术的研究与实现［D］．华东师范大学，2010.

[71] 石教英，蔡文力．科学计算可视化算法与系统［M］．北京：科学出版社，1996.

[72] 斯蒂芬斯．SQL 入门经典［M］．北京：人民邮电出版社，2009.

[73] 苏俊．煤层气勘探开发方法与技术［M］．北京：石油工业出版社，2011.

[74] 孙强，吴建光，刘盛东，陈国旭．柿庄南煤层气勘探钻井数据快速入库及三维可视化技术研究［J］．中国煤炭地质，2014，（03）：66-69.

［75］汤岩．时间序列分析的研究与应用［D］．东北农业大学，2007．

［76］唐家渝，刘知远，孙茂松．文本可视化研究综述［J］．计算机辅助设计与图形学学报，2013（03）．

［77］唐泽圣，陈为．可视化条目．中国计算机大百科全书［M］．修订版．北京：中国大百科全书出版社，2011．

［78］唐泽圣．三维数据场可视化［M］．北京：清华大学出版社，1999．

［79］王国婕．煤层气管网三维可视化管理系统的研究［D］．西安科技大学，2014．

［80］王峻．朴素贝叶斯分类模型的研究与应用［D］．合肥工业大学，2006．

［81］王骏，王士同，邓赵红．聚类分析研究中的若干问题［J］．控制与决策，2012，（03）：321-328．

［82］王庆东．基于粗糙集的数据挖掘方法研究［D］．浙江大学，2005．

［83］王珊，陈红．数据库系统原理教程［M］．北京：清华大学出版社，2013．

［84］肖昕，空间信息可视化关键技术与方法研究［D］．华南师范大学，2005．

［85］杨黎刚．基于 SOM 聚类的数据挖掘方法及其应用研究［D］．浙江大学，2006．

［86］姚莉秀，杨杰，叶晨洲，陈念贻．用于特征筛选的最近邻（KNN）法［J］．计算机与应用化学，2001．

［87］翟东海，鱼江，高飞，于磊，丁锋．最大距离法选取初始簇中心的 K-means 文本聚类算法的研究［J］．计算机应用研究，2014．

［88］张浩，郭灿．数据可视化技术应用趋势与分类研究［J］．软件导刊，2012，（05）：169-172．

［89］张宏鸣．.NET 框架程序设计［M］．北京：清华大学出版社，2016．

[90] 张静．数据挖掘中聚类分析综述［J］．价值工程，2014，（15）：226-227.

[91] 张贤达．现代信号处理（第二版）［M］．北京：清华大学出版社，2002.

[92] 张宇．决策树分类及剪枝算法研究［D］．哈尔滨理工大学，2009.

[93] 张志学．NET 框架程序开发指南．上册［M］．北京：清华大学出版社，2002.

[94] 赵卓真．一种基于密度与网格的聚类方法［D］．中山大学，2012.

[95] 郑泓．基于自回归模型和主成分分析的结构损伤识别方法研究［D］．哈尔滨工业大学，2013.

[96] 朱明．数据挖掘导论［M］．北京：中国科学技术大学出版社，2012.

[97] 朱志敏，杨春，沈冰，崔洪庆．煤层气及煤层气系统的概念和特征［J］．新疆石油地质，2006，（06）：763-765.

[98] Abraham Silberschatz & Henry F. Koah & S. Sudarshn．数据库系统概念［M］．杨冬青，译．北京．机械工业出版社，2008.

[99] 刘亚军，高莉莎．数据库设计与应用［M］．北京：清华大学出版社，2007.

[100] 崔巍．数据应用与设计［M］．北京：清华大学出版社，2009.

[101] RodStephens．数据库设计解决方案入门经典［M］．王海涛，宋丽华，译．北京：清华大学出版社，2010.

[102] Stephens, R. K & Plew, R. R．数据库设计［M］．何玉洁，译．北京：机械工业出版社，2003.